バイオ系実験
安全オリエンテーション
DVD付

片倉啓雄・山本　仁 著

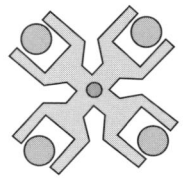

東京化学同人

はじめに

　生化学実験をはじめバイオ系の実験は，生命科学分野のみならず，化学系，物理系などさまざまの分野の研究においても行われています．バイオ系の実験は，化学実験と比べて有機溶剤を使うことが少なく，水を中心に使っているから安全だという声をよく聞きます．しかし実際には，化学実験に比べてはるかに多岐にわたる機器と薬品を使用するため，事故を起こすリスクは決して低くはありません．むしろ化学より安全という思い込みのために油断が生じ，危険性は逆に高いとも考えられます．たとえば，バイオ系であればどこの研究室にもあるオートクレーブ，遠心分離機，インキュベーターなどは，操作自体は簡単であるため，初心者でも気軽に使用しがちですが，多数の事故例が報告されています．実際，大阪大学で報告されたバイオ系の実験事故の半数近くはこれらの機器に関するもので，正しい使用方法を理解していなかったことが原因です．このように，研究に用いられる機器は，家電製品とは異なり，動作原理や操作手順を熟知した研究者が使用することを前提としたものが多く，正しく使わないと，動作不良のみならず破損事故や人身事故に発展することもあります．

　本書は，バイオ系の実験を安全に行うための基礎知識習得を目的としています．第1章で安全に実験を行うための基本的な考え方を解説したうえで，第2章から第9章ではバイオ系実験で誰もが使う基本的器具や装置の使用上の注意を，第10章ではバイオ系実験でよく用いる試薬や知っておくべき法律について解説しています．また，各章末の確認問題を解くことによって，章の内容の理解度をチェックできるようになっています．確認問題の解答も，詳細な解説を加えることで，初学者がより深く理解できるように工夫しました．

　添付のDVDでは第2章から第9章について，さまざまな事故や実験操作の実際の映像を視聴することができ，より理解が深まるものと思います．DVDは，各章ごとに視聴することもできるようになっており，必要なとこ

ろだけを何度も繰り返して見ることもできます．

　できるだけ多くの方に本書を利用していただくことで，バイオ系の実験に対する安全意識が高まることを願っています．たとえば生化学系の学部学生実験を始める前や，研究室に配属された時点で，本書のDVDを視聴し，確認問題を解くことを勧めます．また，企業等での研修においてもお使いいただければと思います．

　生命の神秘に迫るこの分野の方々が安全で快適に研究・実験を行い，新たなる発見に邁進されることを願ってやみません．

　最後になりましたが，本書の刊行にあたり，東京化学同人 編集部の高林ふじ子さんにお世話になりました．また，DVDの製作において，筆者らのこだわりを映像の形にしてくださった教映社の福井雅也氏をはじめとするスタッフの皆様，撮影用の実験器具をご提供くださったアズワン株式会社，貴重な事故写真をご提供くださったタイテック株式会社のご協力なくしては完成しなかったと思います．ここに感謝の意を表します．

2009年9月

片倉啓雄・山本 仁

実験指導者の方々へ

　本書では，バイオ系実験の初心者のために，バイオ系実験でよく使われる操作や装置について事故例を交えて詳細に解説しました．自然の仕組みの解明につながるバイオ系実験を楽しいと感じるようになるには，安全に実験を行うことが重要だと私たちは考えています．バイオ系実験の初心者を指導される先生方も，同様の思いをお持ちだと思います．指導者の方々には，この本をバイオ系実験の安全教育にご活用いただきたいと思います．本書は，第1章で安全に関する基本的な知識を解説し，第2章から第9章でバイオ系実験でよく用いる器具や操作について，第10章ではよく用いる試薬や法律について詳しく解説しています．また，各章末には簡単な確認問題があり，それらの問題を解き，解説を読むことで，その章でのポイントの理解を深められるように工夫してあります．まず，第1章を講義形式で解説し，その後関連性のある箇所のDVDを上映，さらに章末の問題で理解度を確認するという指導方法をお薦め致します．

　また，最近の生化学実験では，さまざまな薬品を用いた化学的な実験操作も増えています．筆者らの大学におけるバイオ系実験の事故を解析してみると，本書で解説したようなバイオ系実験に特有の機器や操作に起因する事故だけではなく，化学実験に含まれるような操作に起因した事故がかなりの割合を占めます．しかもそれらの事故は，化学系の学生であれば講義や講習などを通じて得ることができる知識の欠如によるものがほとんどです．このような背景から，バイオ系実験を安全に行うためには，バイオ系実験の安全指導だけでなく，化学実験に関する基本的な事項の安全指導も同時に行う必要があることはおわかりいただけると思います．

　化学実験の安全指導に関して，より深く知っておきたいという指導者の方々には，既刊の"基礎化学実験安全オリエンテーションDVD付"と"学生のための化学実験安全ガイド（ともに東京化学同人刊）"をお薦め致します．前者は，化学実験の初心者のために，本書と同じくDVD映像と確認問

題を組み合わせた学習が可能であり，内容的には生命科学を専攻し，これからバイオ系実験を本格的に行う人が，化学的な実験操作の基本的知識として知っておきたい項目について，詳細に解説しています．後者は，多くの化学試薬の安全性に関する専門的なデータや，実験室に見られる実験装置・器具類について，安全な使用方法が詳しく解説されております．

　また，同じく既刊の"大学人のための安全衛生管理ガイド（東京化学同人）"では，大学や研究所等の研究室にかかわる安全管理，健康管理，実験室管理について，実験室責任者として把握しておくべき事項を，法令や規則に準じて解説しています．バイオ系実験の安全指導を行われる方々には，本書に加えてこれら3冊のガイドが役立つと信じております．

　なお，本書のもとになった安全マニュアルを以下のURLで公開しています．英語版もありますので，適宜ご利用下さい．

　　　　http://www.bio.eng.osaka-u.ac.jp/ps/safety2/main.html

添付のDVD "安全なバイオ系の実験のために" について

　添付のDVDは，大阪大学のバイオ系実験の安全教育のために，2009年に大阪大学安全衛生管理部と大学院工学研究科が協力して作成したものです．大阪大学では，このDVDを関係部局に配布し，生化学に関連する部局や研究室での安全講習等に有効活用されています．

"安全なバイオ系の実験のために"（45分）

企画・製作： 大阪大学 安全衛生管理部・大学院工学研究科
　　　　　 © 2009 大阪大学 安全衛生管理部
制　作： 株式会社 教映社
監　修： 大 阪 大 学
　　　　 山 本 仁（安全衛生管理部・大学院理学研究科）
　　　　 片倉啓雄（大学院工学研究科）
　　　　 岩井智紀（安全衛生管理部）
出　演： 加藤真由，加藤頼子，岸本淳平，桑田幸奈，田中祥之，
　　　　 辻林宏章，橋本高志，福井純一，本田孝祐，森田康義
　　　　　　　　　　　　　　　（大阪大学大学院工学研究科・工学部）
　　　　 須賀弘之（立命館大学理工学部）
協　力： アズワン株式会社
　　　　 タイテック株式会社

目　　　次

1　安全に実験をするための考え方と基礎知識　　1

1・1　安全を保証してもらう立場から安全を保証する立場へ …… 1
　　　　■ あなたはプロフェッショナル ……………………………… 3
1・2　安全検出思想と危険検出思想 ………………………………… 4
1・3　家電製品と研究用機器の違い ………………………………… 6
1・4　試薬，操作の意味を理解する重要性 ………………………… 8
1・5　危険を予知するためのツボ …………………………………… 9
　　1・5・1　人間の特性 ……………………………………………… 9
　　1・5・2　危険が生じるとき …………………………………… 10
　　　　■ 安全装置がついているから大丈夫？ ………………… 12
　　1・5・3　逆・裏・対偶 ………………………………………… 12
　　1・5・4　イベントツリー ……………………………………… 13
　　　　■ メガネをかけていれば保護メガネは不要？ ………… 15
　　1・5・5　フォルトツリー ……………………………………… 15
　　1・5・6　外　挿 ………………………………………………… 16
　　1・5・7　連想術 ………………………………………………… 18
　　　　■ 連想術の応用 …………………………………………… 20
　　1・5・8　総合演習 ……………………………………………… 20
　　〈確認問題〉 ……………………………………………………… 22

2　ガラス器具　23

　　2・1　ピペット……………………………………………………23
　　2・2　ビーカー・バイアル瓶……………………………………25
　　2・3　割れたガラス器具…………………………………………26
　　〈確認問題〉………………………………………………………26

3　クリーンベンチ　27

　　〈確認問題〉………………………………………………………28

4　オートクレーブ　29

　　〈確認問題〉………………………………………………………31

5　電子レンジ　33

　　〈確認問題〉………………………………………………………34

6　ウォーターバス・インキュベーター　36

　　6・1　ウォーターバス……………………………………………36
　　6・2　インキュベーター…………………………………………38
　　〈確認問題〉………………………………………………………39

7　電源の取り方　40

　　〈確認問題〉………………………………………………………41

8　遠心分離機　42

　　8・1　セットの仕方………………………………………………42
　　8・2　バランスの取り方…………………………………………46
　　〈確認問題〉………………………………………………………49

9 え！それって危ないの？　51

- 9・1　ピペットマン　51
- 9・2　液体窒素での凍結試料作成　53
- 9・3　SDS　53
- 9・4　フィルター沪過　54
- 9・5　腐った培地　54
- 〈確認問題〉　56

10 特に注意を要する試薬　57

- 10・1　知っておくべき法律と対象物質　57
- 10・2　特に注意を要する試薬　59
- 〈確認問題〉　61

演習・確認問題の解答と解説　63

- 演習の略解　63
- 確認問題の解答と解説　64

索　引　77

1. 安全に実験をするための考え方と基礎知識

> バイオ系の実験では，さまざまな薬品だけでなく，さまざまな実験機器を扱います．ごくありふれた機器であっても，正しく操作しないと，大きな事故やけが，時には死亡事故にさえつながります．

1・1 安全を保証してもらう立場から安全を保証する立場へ

Q1 小中高校の理科の実験と，大学や高専の研究室で行う実験には大きな違いがあります．それは何でしょうか？

　本書を読んでいるあなたは，おそらく小中高校では理科が好きで，実験の時間を楽しみにしていたのではないでしょうか．そして，あなたは，これから学生実験や卒業論文（あるいは修士論文）のための実験を行う（すでに始めている）ことでしょう．

　ところで，小中高校の理科の実験と，大学や高専の研究室で行う実験には大きな違いがあります．それは，前者では実験の安全を保証してもらえるのに対して，後者ではあなた自身が安全を保証しなければならないという違いです．

　小中高校の理科の実験では，結果はあらかじめわかっており，先生はこれまでの経験や過去の事例から，生徒がどのような失敗をしたり，どのような事故が起こりうるかもほぼ予想できます．このため，先生は実験手順を説明する際に十分な安全上の注意を与えることができ，また，実験は常に先生の

指導と監督のもとで行われます．つまり，あなたは，安全がほぼ保証された実験を行ってきたのです．

　これに対して，研究室で行う実験は，まだ誰も行ったことがない実験，結果がわからない実験が多くなります．なぜなら，まだ誰も知らないことを解明すること，あるいは，まだ誰もできないことを実現することが研究だからです．もちろん，研究を指導する先生は，ある程度は結果を予測することができ，どのような危険が伴うかもある程度は予想することができます．しかし，多岐に渡る実験で起こりうるすべての危険を事前に想定し，指導したり対策を講じたりすることはできません．さらに，学生実験では授業時間内に全員が同じ実験をするのに対して，研究室では一人一人の学生が異なる実験を長時間行うため，先生が直接指導・監督できる時間も限られます．つまり，あなた自身が生じうる危険を予想して，安全な実験手順を考えなければならないのです（表1・1）．

表 1・1　理科の実験と研究室の実験の違い

理科の実験	研究のための実験
選ばれた安全な実験	新しい実験（何が危険かまだわからない）
クラス全員が同じ実験	一人一人違う実験
常に先生の指導・監督のもとで行う	単独で実験することが多い
方法・手順は説明してもらえる	方法・手順は自分で考える
安全を保証してもらえる	安全は自分で保証する

　もちろん，あなた自身が安全に実験をする手順を組み立てるには訓練が必要であり，先生にはそのポイントを指導する義務があります．しかし，これまでの理科の実験と同様に安全を保証してもらえると考えていると，あなたは二つの不幸に見舞われることになります．その一つはあなた自身や周囲の人に危険が及ぶことであり，もう一つは，あなたが危険に鈍感な技術者・研究者になってしまうことです．

1・1 安全を保証してもらう立場から安全を保証する立場へ

　高等教育を受けているあなたは，卒業して社会に出れば，好む好まざるにかかわらず，周囲からはその道のプロとみなされます（コラム"あなたはプロフェッショナル"参照）．企業，官公庁，教育機関などの組織に属せば，あなたは技術者・研究者として，その組織での安全，そして，社会の安全に貢献する責務を担うことになります．つまり，この意味においても，安全を保証してもらう立場から，安全を保証する立場にたつことになるのです．卒業してから就職するまでのわずかな期間にこの切り替えをすることはまず不可能です．在学中からその準備をしておかなければなりません．

あなたはプロフェッショナル

　小中学校のクラスメートを思い浮かべて下さい．あなたと同じバイオ系の学科に進学した同級生はいますか？　いたとしても一人，多くの場合はクラスの中であなた一人なのではないでしょうか？　あなたはクラスメートが調理師やスポーツ選手になっていたら，その人をプロと見なすはずです．それと同様に，同級生はあなたをその道のプロとみなします．現在，あなたは自分がプロである（プロになる）とは認識していないかもしれませんが，卒業すれば，周囲の人はあなたをプロと見なします．
　自分が使う道具のことをよく知らない人をプロとはよびません（カンナやノコギリの扱い方や手入れの仕方を知らない大工さんはいません）．プロになるあなたは，自分が使う道具の安全な使い方，正しい使い方を熟知しなければなりません．

　では，具体的にどのようにすればよいでしょうか．
　まず，先生の説明，指導をしっかり聞いて，その意味と理由を理解するように心がけましょう．大学や高専での学生実験は，理科の実験よりもその内容は高度になり，それに伴って危険度も増します．先生の注意を一言聞き漏らすだけでも，手順や操作を一つ間違っただけでも，危険が生じることは珍しくありません．手順や操作を覚えただけでは"理解できた"とは言えませ

ん．なぜその操作をする必要があるのか，なぜその順番に作業するのか，という理由がわかって，はじめて理解したということができます．

つぎに，先生の十分な指導・監督を受けられる学生実験であっても，どのようにすれば安全に実験をすることができるかを自分自身でも考えるようにしましょう．研究室で行う実験では，扱う試薬，器具，装置に関する下調べをして，安全な実験手順を考えたうえで，先生や先輩の指導を受けるようにしましょう．あなたが一人前の研究者，技術者になるためには，自分自身で安全を確保できなければなりません．そのためには，自分自身で安全に実験するための手順を考え，それを先生にチエックしてもらう，という訓練が必要であることは理解できるはずです．社会に出れば，あなたはプロとみなされ，もはや指導してもらえない場合も少なくありません．指導してもらえるうちに必要な知識を身につけ，そして，卒業研究という実践の場で訓練を積むことによって，安全に対する感性を磨いておいて下さい．

1・2 安全検出思想と危険検出思想

> **Q2** 車（バイク）を運転していて，図1・1Aのように子供が横断歩道に走り出そうとしていたら，あなたはブレーキを踏むでしょう．では，図1・1Bのように横断歩道の手前にトラックが停車しているとき，あなたは必ずブレーキを踏んでトラックの横でいったん停止しますか？

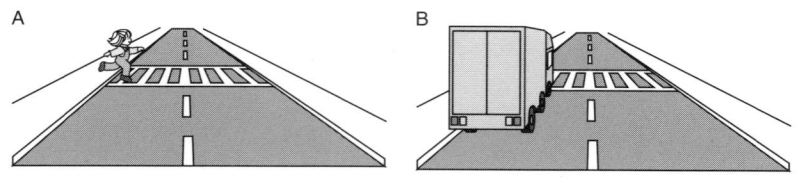

図1・1 あなたはブレーキを踏みますか？

図1・1Aの状況でブレーキを踏まない人はまずいません．しかし，図1・1Bの状況ではブレーキを踏まない人が少なくありません．危険であることが見えていない（認識できていない）とき，ブレーキを踏まない，つまり，危険であることがはっきりしている時だけ対応しようとする考え方を**危険検出思想**といいます．これに対して，トラックの陰に歩行者がいないことが確認できないので，トラックの横で一端停止して安全を確認するのが**安全検出思想**です（表1・2）．危険検出思想では，危険な状態が見えない限りは安全と判断して行動するので，行動効率はよいのですが事故を起こす可能性が高くなります．これに対して安全検出思想では，安全であることが確認できない状況では，起こりうる危険を回避する行動をとるため，行動効率は悪くなってしまいます．しかし，もしトラックの陰に歩行者がいると，はねて死なせてしまう，という重大なリスクを考えれば，一端停止するべきであることは明らかでしょう．

表 1・2　危険検出思想と安全検出思想

危険検出思想	安全検出思想
危険が検出できない限りは安全	安全が確認できない限り危険
歩行者が見えないのでブレーキを踏まない	歩行者がいないことが確認できないのでブレーキを踏む
危ないと聞いていないから安全	安全が確信できないので調べる
教えてもらっていないけれど，とりあえずやってみる	下調べをした上で先生や経験者の指導を受ける

実験においては，いうまでもなく，安全検出思想で行動しなければなりません．危ないと聞いていないから大丈夫，あるいは，簡単そうな実験だから大丈夫，などと考えるのではなく，自分で下調べをした上で，先生や経験者の指導を受けるようにしましょう．

1・3　家電製品と研究用機器の違い

Q3　あなたは家電製品を購入したとき，取扱説明書の安全上の注意を必ず読みますか？

Q4　あなたはレインコートやウインドブレーカーを洗濯機で脱水してはいけないことを知っていますか？

　家電製品は，ユーザーが取扱説明書を読まずに使ったり，少々間違った操作をしても危険が生じないように，できる限りの安全対策が講じられています．これに対して，研究で使用する機器の多くはプロ仕様であり，十分な予備知識をもたずに使用したり，手順や操作を間違えると，故障，破損，人身事故につながるような機器が少なくありません．

　どんな製品であっても，その安全を 100 % 保証することは不可能です．特に，ユーザーがその製品の本来の用途，用法とは異なる使い方をした場合，その製品によって被害を受けるリスクは高まります．このため，メーカー側には，たとえユーザーが間違った使い方をしても，ユーザーが被害を受けないよう，可能な限り対策を講じる義務があります．この対策には，安全装置などを取り付けるハード的な安全対策と，取扱説明書や製品の本体に使用上の注意を明記するソフト的な安全対策があります．

　あなたの Q3，Q4 に対する答えは"いいえ"だったのではないでしょうか？　著者の経験では，"はい"と答える人はどちらも 1 割未満です（両方に"はい"と答えられた人は胸を張って自慢して下さい）．このように，ユーザーの多くが使用上の注意をしっかり読まないことは十分に予見できるので，家電製品の場合，ソフト的な安全対策よりもハード的な対策に重点がおかれます．しかし，安全対策を施すと，製品が非常に高価なものになったり，製品の本来の性能を損なってしまう場合も少なくありません．上述の例では，レインコートやウインドブレーカーなどの水を通さない衣類を洗濯機

で脱水すると，衣類にたまった水のためにバランスが取れず，洗濯機が倒れたり壊れたりする場合があります*．自動でバランスを取ったり，洗濯機が転倒しないように下部を重くしたり，床に固定することは可能かも知れませんが，そのためにはコストがかかり，利便性を損ないます．このように，ハード的な安全対策がとれない，あるいは，取ることによって著しい不都合が生じる場合，メーカー側は"使用上の注意"によってソフト的な安全対策を講じています．

研究に用いる機器は，他の機器と組み合わせて使ったり，本来の用途とはやや異なる使い方をしたり，性能の限界に近い条件で使用する場合もあります．これらのどのような場合にも対応できる安全対策を講じることは難しく，仮にできたとしても大がかりでその機器の本来の機能は制限されてしまうでしょう．さらに，家電製品のように，製造台数が多い機器の場合，安全対策を施しても製品の価格はそれほど高くならないのに対して，研究に用いる機器は製造台数が少ないため，価格は著しく上昇してしまいます．このため，研究に用いる機器の場合，誤使用時の安全対策は，必然的に使用上の注意にゆだねられている部分が多くなるのです（表1・3）．

ここまで読んだあなたは，研究に使用する機器を取扱説明書を読まずに使うことが，いかに危険であるかが理解できたはずです．家電製品とは異なり，あなた自身が十分な予備知識をもち，安全を担保しなければなりません．

表 1・3　家電製品と研究用機器の安全対策の違い

家電製品	使用状況	研究機器
ハード的な安全対策	正常使用	ハード的な安全対策
	誤使用	使用上の注意
使用上の注意	非常識な使用	

＊　洗濯機の本体には，取扱説明書を読まないユーザーを想定して，目立つ場所にこの注意書きがはり付けられています．家に帰って洗濯機を見てみましょう．

1・4 試薬,操作の意味を理解する重要性

　実験に用いる試薬,実験操作には一つ一つ意味があります.その意味を理解した上で実験に望まないと,あなた自身や周囲の人に危害が及ぶ原因となるだけでなく,その実験の経験を応用することができません.

　たとえば,コンビニエンスストアなどで売っている弁当には"電子レンジで加熱するときはソースの袋を取り出してください"という表示があることはご存じでしょう.これは,加熱によってソースの水分が蒸発して蒸気になり,袋が破裂するからです.しかし,単に"加熱するときはソースの袋を取り出す"という手順を覚えただけで,"密閉された水分のあるものを電子レンジで加熱すると破裂するから"という理由を理解していなければ,卵や子持ちシシャモを加熱すると破裂する可能性があることに気づくことはできません.

　卵や子持ちシシャモの場合は,破裂しても電子レンジを掃除すれば済みます.しかし,DNAの電気泳動などに使うアガロースを電子レンジで溶解する際に,アガロースと緩衝液を入れた瓶を密栓して加熱すれば,瓶は破裂し死傷事故につながります.ウォーターバスを使用する際には,毎回,フロート式安全装置のフロートを押し下げて動作を確認する,という指示の意味を理解していなければ,フロートに水あかがついて動きにくくなっていれば危険であると気づくことができません(手で押し下げて動作することを確認しても,水位が低下したときにフロートが下がるという保証はありません).

　ところで,実験室で飲食や化粧をしてはならないことは知っていると思いますが,実験室の外に出て飲食,化粧をしても危険な場合があります.それはどのような場合でしょうか?

　手指の皮膚は厚い角質層に覆われており,薬品が付着してもすぐに洗えば,多くの場合,実害はありませんが,経口吸収されれば危険な薬品は少なくありません.また,顔などの皮膚は角質層が薄いため,薬品によるダメージを受けやすく,さらに,化粧によって広い範囲に塗り広げれば,吸収も早まってしまいます.この理由を理解していれば,たとえ実験室の外に出て

も，手を洗わずに飲食や化粧をすれば危険であることは容易に理解できるはずです．

1・5 危険を予知するためのツボ

この節ではまず，人間の特性と，どんなときに危険が生じるのかを概説したうえで，危険を予知するための具体的なテクニックをいくつか紹介します．これらを組み合わせて，実験をする前に危険を予知する習慣をつけ，安全に実験するための，そして，社会の安全に貢献するための感性を磨いておきましょう．

1・5・1 人間の特性

❶ 人はミスをする

どんなに気を付けていてもミスをするのが人間です．危険な試薬を計量するとき，絶対にこぼさないようにすることは不可能です．もし，こぼしても，大きな危険が生じないように，そして，適切な後始末ができるように対策を講じておかなくてはなりません．たとえば濃硫酸をメスシリンダーで計量するとき，滑りにくくて濃硫酸に耐える手袋をして，トレイの上で計量すれば，もし硫酸がこぼれたり垂れたりしても，大きな危険は生じませんし，その対処も容易になります．

❷ 人の注意力には限界がある

人は複数のことを同時に行うと，注意力が分散します．乱雑にものが置かれた実験台では，無意識のうちに，置かれたものに気を取られ，本来の実験に対する注意力が低下します．整理整頓は安全のための基本です．また，睡眠不足であったり，風邪気味で体調が悪かったりすると，注意力が散漫になり，ミスをしやすくなりますが，自分自身ではそれに気づいていないことが少なくありません．体調管理もまた，安全のための基本です．体調が悪くても実験をしなければならない場合，電車の運転士のように指をさして確認するなどの工夫をして，普段以上に安全に注意しましょう．

❸ 人は無事が続くと安全性が高まったと錯覚する

あなたは子供のころ，ちょっと危なそうなことをするとき，最初は恐る恐る慎重にやってみたでしょう．やってみて大丈夫であればしだいにそれに慣れ，もう少し危ないことを始め，何度かそれを繰り返すうちにけがをしたり失敗をした経験があるのではないでしょうか．人間は一度成功すると，つぎも成功すると信じてしまいがちです．また，たまたま成功が続けば，失敗の確率は意外に低いと勝手に思い込んでしまうという性質があります．実験に慣れてくると，安全確認を怠りがちになるのは，このような要因が深く関係しています．

❹ 人は楽天的に考えがちである

ここまで読んだ人の中には，"そんな大げさな"とか，"そんなことわかっているよ"とか，"自分は大丈夫だ"と思っている人がいるのではないでしょうか．このように考える人ほど，事故を起こす確率が高くなります．人には，自分に都合が良いことは起きやすく，自分に都合が悪いことは起きにくいと考える習性があります．しかし，実験をするときは，"思った通りの結果が得られる場合はむしろ少なく，失敗したり予想外の結果が得られることの方が多い"という謙虚な気持ちで臨まなければなりません．学生実験で受ける安全上の注意は，他のクラスメートに向けられているものではなく，あなた自身に向けられたものなのです．そして，安全講習などで紹介される事故例は，対岸の火事だと考えず，"この事故はどんなときに自分自身に起こりうるのだろうか"と考えて話を聞かなくてはなりません．

1・5・2 危険が生じるとき

❶ 危険源との隔離が崩壊したとき危険状態になる

高温の部分，高圧線，回転部分，鋭利な部分など，事故や災害の根元になるものを**危険源**といい，危険源に人が接触するような状態を**危険状態**といいます．危険源はあっても，空間的あるいは時間的に人と隔離されていれば危

険状態にはなりません．たとえば，電流が流れている電線は危険源ですが，絶縁体で被覆されていたり（**空間的隔離**），電源を切れば（**時間的隔離**）危険状態ではありません．しかし，被覆が劣化していたり，電源を切り忘れて，この空間的，時間的な隔離がなくなれば危険状態になります．実験室にはたくさんの危険源があります．ほとんどの危険源は，通常は人と隔離されていますが，どのようなときにこの隔離がなくなるのかを考えれば，危険の予知につながります．

❷ 二つ以上の要因が重なったときに危険が生じる

❶とは少し違う角度から考えてみましょう．通常の状態であれば危険はなくても，別の要因が重なると危険になる場合があります．たとえば，棚に試薬瓶を置いてもそれ自体は危険ではありませんが，地震で落下して割れると危険です．エタノールが入った瓶を手にもっても通常は危険ではありませんが，取り落として割れ，そばに裸火があれば危険です．廊下の角を曲がるとき，普通に歩いていれば出会い頭に人とぶつかりそうになっても"おっと"で済みますが，硫酸が入ったビーカーをもっていれば，硫酸が相手や自分にかかってしまう危険があります．危険源があなたのそばにあるときは，どんなときに危険状態になるのかを常に考えておかなくてはなりません．

演習1 実験室にある危険源をできるだけたくさんあげ，それぞれ，どのようなときに危険状態になるかを考えなさい．

こんな事故がありました！

- ある研究室で，学生が有機溶媒の瓶を取り落とした．瓶は割れ，そばにあったストーブの火が有機溶媒に引火し，その研究室は全焼してしまった．幸い死傷者は出なかったが，大切な試料もデータもすべて灰になってしまった．有機溶媒を使うときだけでなく，有機溶媒の瓶をもつときも火気は厳禁です．

> **安全装置がついているから大丈夫？**
>
> 　安全装置がついているから大丈夫，という考え方は間違いです．なぜなら，安全装置が常に機能するとは限らないからです．そもそも，安全装置は人がミスをしたときや，装置が故障や経年劣化などで本来の機能を果たせなくなったときのバックアップなのです．たとえ安全装置がついていても，正しい使い方を理解せずに使ったり，必要な点検や整備を忘れば，事故を起こす確率は確実に上昇します．

1・5・3　逆・裏・対偶

　高校の数学で学習した命題の"逆・裏・対偶"を危険予知に応用することができます．"〜しなさい"と指示されたら，まず，"〜すれば安全"と命題風に書き換え，その逆・裏・対偶を考えます（図1・2）．

　たとえば，"保護メガネをしなさい"と指示されたら，"保護メガネをすれば安全"と書き換えます．すると，

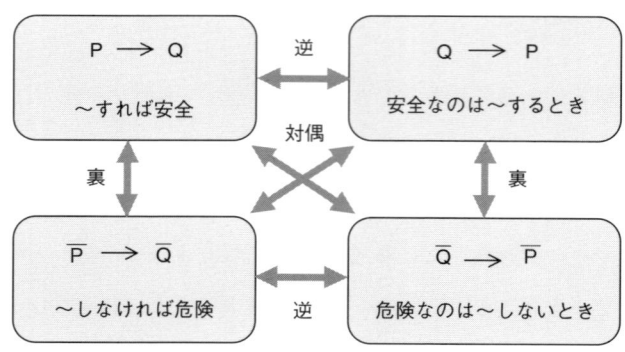

ここでは危険性を認識するための手段として使っているので，厳密な逆・裏・対偶にはなっていない

図 1・2　逆・裏・対偶

1・5 危険を予知するためのツボ

　逆　　安全なのは保護メガネをしたとき
　裏　　保護メガネをしなければ危険
　対偶　危険なのは保護メガネをしないとき

となり，保護メガネをしなければならない理由を考えるきっかけになります．つまり，指示された内容の裏と対偶を考えることによって，単なる操作に関する指示であっても，安全上の指示になります．

演習2　容量6Aの延長コードがある．"電気容量が6A（600W）までなら安全"と書き換え，逆・裏・対偶を考えなさい．

演習3　"ナス型フラスコを使って減圧濃縮する"の逆・裏・対偶を考えなさい．

1・5・4 イベントツリー

　イベントツリーは，ある軽微な事故や**ヒヤリハット**があったとき，それがどのような状況であれば重大事故につながるかを考える手法です．

　実験していて，何か液体が飛んできて目に入ったら，あなたはハットするはずです．その液体がただの水であったとわかれば実害はありませんが，あなたはヒヤリとするはずです．このようなヒヤリハットがどのような場合に重大事故につながるかを考えてみましょう．図1・3に示すように，異物が

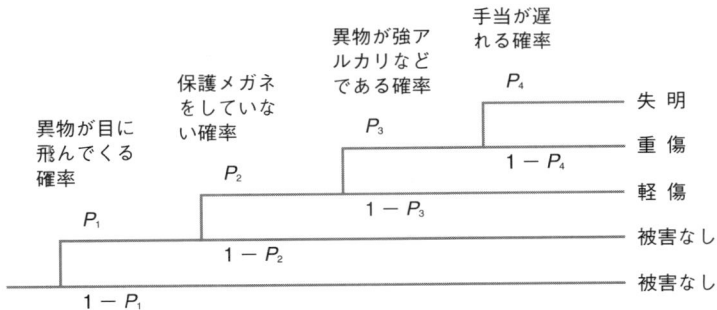

図1・3　イベントツリーによる危険予知

目に飛んできて,保護メガネをかけておらず,その異物が強アルカリなどであって,手当が遅れれば,あなたは失明してしまいます.この時の確率をそれぞれ P_1, P_2, P_3, P_4 とすれば,失明する確率は $P_1 \cdot P_2 \cdot P_3 \cdot P_4$ です.これらの確率のうち,あなた自身が操作できるのはどの確率でしょうか？ 実験室にいる他の人が原因で異物が飛んでくる場合もあり,失明の危険がある薬品を扱わないようすることもできませんから,P_1 と P_3 を小さくすることは困難です.しかし,保護メガネをかけること,そして,異物が目に入ったらどこで洗眼すればよいかを調べておくことは,今からすぐにできます.まず保護メガネをかけ,万一,目に異物が入ったとき,すぐに洗眼できるようにしておけば*,失明する確率を大幅に下げることができます.

演習 4 大腸菌を一晩ウォーターバスで培養した.翌朝,実験室にきてみると,水位低下で安全装置がはたらいてヒーターが切れ,温度が下がってしまっていた.
(1) イベントツリーを作成しなさい.
(2) それぞれのイベントが起きる確率のうち,あなた自身が操作可能な確率はどれか答えなさい.

演習 5 あなたがこれまでに経験したヒヤリハットを三つあげ(実験以外のヒヤリハットでもよい),どのような要因が重なったときに最悪のケースになるか,イベントツリーを作成して検討しなさい.それぞれの要因について,あなたがその確率を操作可能であるなら,その具体的な方法を考えなさい(単に"気をつける"は不可.具体的な対策をあげること).

---

* 実験室には洗眼器を常備することが理想ですが,洗眼器がない実験室では,水道の蛇口のうち少なくとも一つに 20 cm 程度のホースをつけ,目に流水をあてられるようにしておきましょう.アルカリや有機溶媒などの異物が目に入った場合,何をさておいても,1秒でも早く,十分な洗眼をすることが大切です.洗眼が1秒遅れるごとに目へのダメージが大きくなることを忘れないで下さい.また,失明という重大なリスクを考え,実験室では常に保護メガネをかけるようにしましょう.

> **メガネをかけていれば保護メガネは不要？**
>
> 　大阪大学の安全衛生管理部に届けられた事故の内訳をみると，目に異物が入った事故のうちの4割は矯正メガネをかけていた人の事故でした．矯正メガネをかけている人は半数程度であることを考えれば，このデータは，矯正メガネはこの種の事故防止にはあまり役に立たないことを示しています．矯正メガネの有無にかかわらず，実験室では保護メガネを装着するようにしましょう．矯正メガネをかけていても楽に装着できるように工夫された保護メガネも市販されています．

1・5・5　フォルトツリー

　フォルトツリーは，ある事象が与えられたとき，起こりうる好ましくない事態を先に想定し，その事態がどのようなときに起こるかを考える手法で，§1・5・4のイベントツリーとともに，危険を予知し事故を防止する代表的な手法として知られています．

　たとえば，遠心分離機を使用するときに起きる不都合な事態として，回転するローターに手を巻き込まれたり，回転するローターがチャンバーから飛

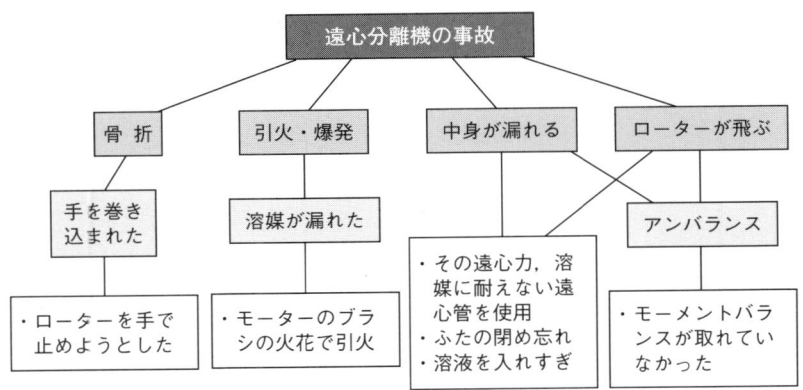

図1・4　フォルトツリーによる危険予知

び出したり，危険な溶液が漏れ，さらに，それに引火・爆発たりする人身事故，破損事故が考えられます（図1・4）．

これらが，どのようなときに（どのような要因が重なったときに）起きうるかを考えていくのですが，このツリーは，その機器で過去にどのような事故があったかを知らないと，なかなか書くことができません．このため，過去の事故・ヒヤリハット情報の収集が大切になります．たとえば，以下のURLなどでその情報を収集することができますが，研究室内で，あるいは学生実験中に起きた身近な事故・ヒヤリハットの情報を積極的に交換するよう心がけましょう．

研究における事故
　　http://www.bio.eng.osaka-u.ac.jp/sfbj/wakate/btf/4th.html
失敗知識データベース
　　http://shippai.jst.go.jp/fkd/Search

1・5・6　外　挿

ある操作変数 x が $1, 2, 3, 4$ であるとき，観測値 y が $3, 5, 7, 9$ であったとします（図1・5）．このとき，データがない $x > 4$ の範囲の観測値 y を予測す

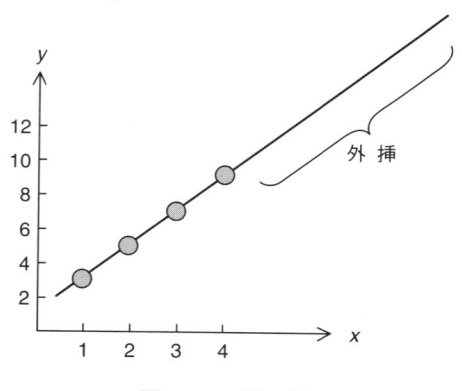

図1・5　外　挿

ることを**外挿**といい，これを危険予知に応用することができます．

　たとえば，あなたが試料溶液をウォーターバスで一定時間反応させるとします（図1・6）．37℃で3時間反応させる場合，おそらく何事も起きることなく，あなたは無事に反応が終わった試料溶液を得ることができ，危険を感じることもないでしょう．では，1週間反応させる場合はどうでしょうか？水が蒸発して水槽の水位が低下し，あなたの試料は保温できなくなっているでしょう．37℃ではなく，95℃で反応させる場合はどうでしょうか？この場合はもっと早く水位が低下し，試料が保温できなくなるばかりか，ウォーターバスが空だきになってしまうという危険が容易にイメージできるはずです．

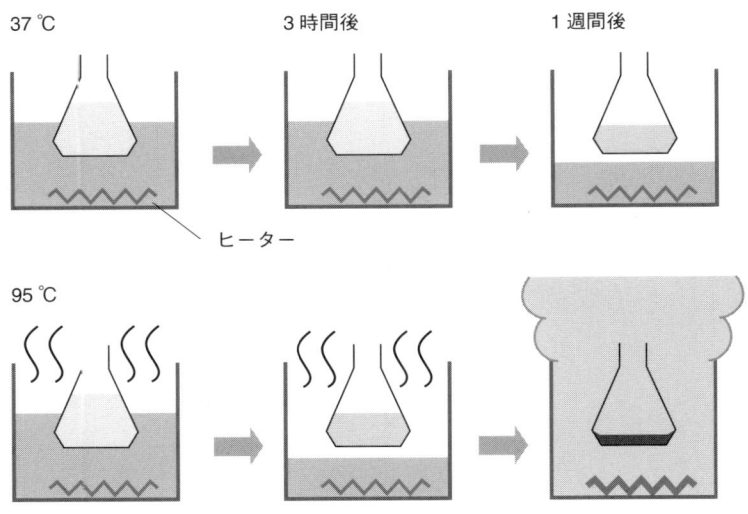

図1・6　外挿による危険予知

　このように，時間を極端に伸ばした場合，あるいは，条件を極端に厳しくした場合，何が起きるかを考えることによって，危険の予知が容易になります．

1・5・7 連想術

Q5 "雪"から何を連想しますか？

Q6 ガラスのコップがあります．その用途をできるだけたくさん考えて下さい．どんな非現実的な用途でも構いません．

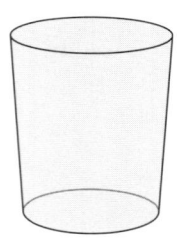

図 1・7　ガラスのコップ

　ほとんどの人はQ5に，スキー，かまくら，北国，冬…などと答えるでしょうが，"紙"とか，"砂糖"と答える人はほとんどいないでしょう．前者の場合は，これらの単語が"雪"と関連するという知識をもとにした連想であるのに対して，後者は"雪"→"白い"→"紙"，"砂糖"という手順を踏んだ連想です．つまり，"雪"の"白い"という特徴をまず思い浮かべ，つぎに，"白いもの"を思い浮かべたのです．あなたがまだ知らない危険を予知するためには後者の発想が必要になります．

　Q6の例であれば，まず，"ガラスのコップ"を"ガラス"と"コップ"に分け，つぎに，"ガラス"，"コップ"それぞれについて，その特徴をあげてみて下さい．物理的，化学的，形状的，材質的な特徴などです．透明，堅い，重い，ケイ素，円筒，円，円柱，もろい，割れやすい…などの特徴をあげることがでるはずです．そしてつぎに，それぞれの特徴を**一つだけ**思い浮かべて，用途を考えてみて下さい．そうすれば，図1・8に示すようなさまざまな用途を思いつくはずです．

1・5 危険を予知するためのツボ

　用途をたくさん思いつくことができなかった人は，ガラスのコップの特徴を無意識にたくさん思い浮かべていたはずです．同時に多くの特徴を思い浮かべるほど，思い浮かぶ用途はコップ本来の用途に近いもの，たとえば，花瓶，金魚鉢，ペン立てなどになってしまいます．ある事象から発想を広げるとき，その事象の全体をとらえていると，発想は平凡なものになりがちなのです．

　そこで，まず，その事象の特徴を抽出し，つぎに，その特徴のうち一つだけを思い浮かべ，そこから連想するようにしましょう．この手順を踏むだけで，発想の範囲を格段に広げることができます．このとき，思い浮かべる特徴は，できるだけ一般化し，抽象化しましょう．抽象化すればするほど，連想は容易になります．冒頭に述べたように，名詞から名詞を連想するには経験と知識が必要ですが，間に特徴（形容詞）を挟めば，十分な経験や知識がなくても名詞と名詞を関連づけることができるようになります．初めて行う実験であっても，使用するそれぞれの薬品の特徴，使用する器具や機器の構

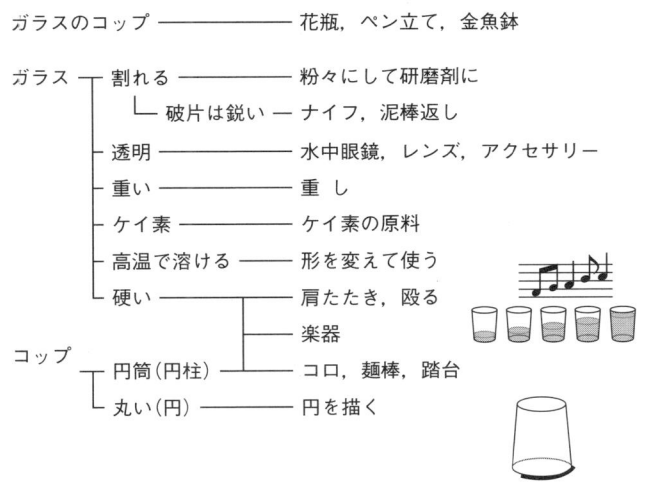

図 1・8　ガラスのコップの用途

成要素をあげ，その一つ一つがどのような危険源になり得るのか，そして，それぞれの危険源はどのようなときに危険状態になるかを考えていけばよいのです．

連想術の応用

今日の自然科学の研究の多くは，すでに知られている知見や手法の組み合わせによるもので，研究のオリジナリティーは，その組み合わせ方にあるともいえます．自分の研究の全体をとらえるのではなく，要素に分解すれば，他分野の知見や手法との組み合わせの発見が格段に容易になります．

自分の研究内容を異分野の研究者や非専門家に説明するには，わかりやすいたとえ話が必要です．このときも，説明したい事象の最も大切な要素を抽出して抽象化し，身近なものの中に共通要素をもつもの探してみましょう．あなたが"なるほど"と思ったたとえ話を思い出して，分析してみてください．対象となる事象の特徴が実にうまく抽出されているはずです．

1・5・8 総合演習

ここまで述べた危険予知のツボを駆使して，オートクレーブを使用する際の危険予知をしてみましょう．

オートクレーブは図1・9のような構造で，電気ヒーターで水を加熱して蒸気をつくり，金属製の耐圧容器の中に試料を入れ，加熱殺菌する機械です．

❶ まず，連想を容易にするために，構成要素に分解してみましょう．構造と原理を理解すれば，水，電気，加熱，蒸気，金属，高温，高圧，タイマーなどのキーワードを抽出することができます．

❷ このうち，危険源となるものは，電気，蒸気，高温，高圧です．どのようなときに危険状態になるかを考えてみて下さい（フォルトツリーをつ

くってみて下さい）．たとえば，高温の蒸気は人から隔離されているはずですが，どんなときに隔離が崩壊するかを考えてみてください．

❸ キーワードを組み合わせて危険状態を想定してみてください．たとえば，電気と水から連想できる危険は？

❹ "所定温度に達すればタイマーが進む"の逆は"所定温度に達しなければタイマーは進まない"です．どのようなときにヒーターで加熱していてもタイマーが進まないでしょうか？

❺ "蒸気漏れを防ぐためのパッキン"を"パッキンがあれば（機能していれば）蒸気が漏れない"と書き換え，裏・対偶を考えてみてください．

❻ 蒸気が漏れていても，人が近くにいなければ直接的な危険はありませんが，外挿を適用して，蒸気が漏れ続けたとき，何が起きるかを考えてください．

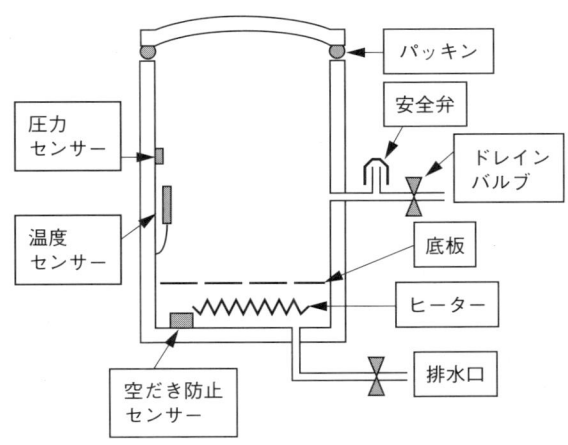

温度計，圧力計，タイマーが取り付けられており，設定温度に達すればタイマーが進み，一定の時間，所定の温度に保たれる．釜とふたの間には蒸気漏れを防ぐためのパッキンがあり，水を入れ替えるための排水口，蒸気を抜くためのドレインバルブ，万一のための安全弁と空だき防止装置が備えられている．標準的な殺菌条件は121℃で15〜20分であり，この間，内圧は約1気圧（0.1 MPa）高まる

図 1・9 オートクレーブの構造

こんな事故がありました！

- オートクレーブが経年劣化で漏電しており，釜に手を入れたところ感電して動けなくなった．通りかかった人にブレーカーを切ってもらい，助かった．オートクレーブは必ずアースをとりましょう．

確認問題（以下の文章が正しければ○，間違っていれば×をつけよ）

1・1　安全な実験の基本は整理整頓である．　　　　　　　　　　　　□

1・2　安全な実験の基本は十分な下調べである．　　　　　　　　　　□

1・3　実験の危険性は実験指導者が教えるので，指導のあった事柄　　□
　　　を忠実に守れば事故は起こらない．

2. ガラス器具

> ガラスはもろく，力を加えれば割れてしまいます．割れたガラスによるけがは実験室の三大事故の一つです．

2・1 ピペット

- ガラスの事故で最も多いのは，ピペットやガラス管をピペッターやゴム栓に挿入するときの事故です．
- ピペットをピペッターに挿入するとき，図2・1のように離れた位置を握って挿入するのは危険です．
- ピペットへ挿入するとき，差し込み口を支点にして動かすことになりますが，離れた位置を持てば，てこの原理で曲げ応力は大きくなり，ピペットは折れてしまいます．

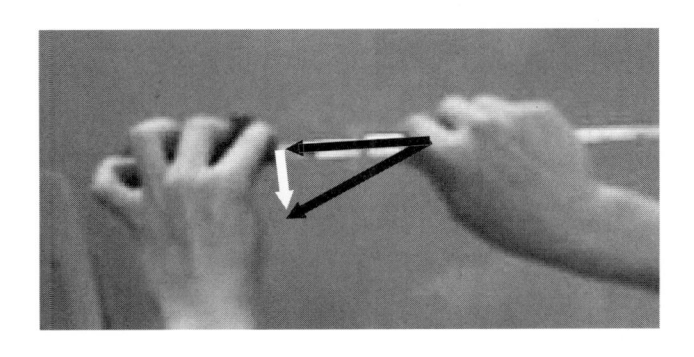

図 2・1 離れた場所を持つほど大きな曲げ応力（白矢印）がかかる

2. ガラス器具

- ピペットをピペッターに挿入するとき，ピペットの端から 2 cm 以内を親指，人さし指，中指の 3 本指でもち，小指，薬指は使わずに差し込まなければなりません．
- 図 2・2 のように 5 本の指で握ると，親指を支点にして，差し込み口と小指，薬指でピペットを曲げることになり，やはりピペットは折れてしまいます．

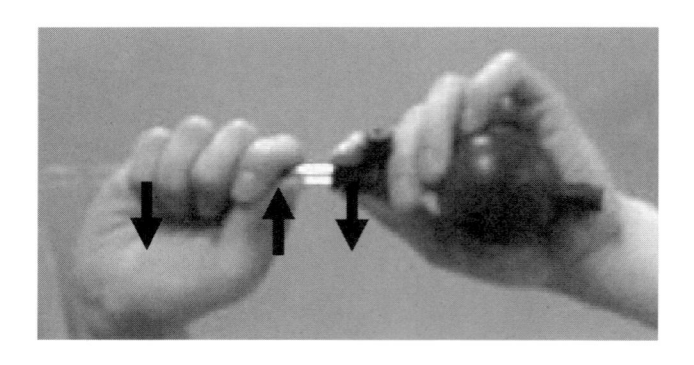

図 2・2　5 指で握ると小指の力で折れる

- 端から 2 cm 以内を親指，人さし指，中指の 3 本指で持てば，挿入時の事故のほとんどを防ぐことができます．
- ピペッターを用いて溶液を吸うときは，必ず，メスピペット本体を持つようにしてください．ピペッターだけを持つと，メスピペットが抜け落ちて破損したり，ガラスや薬品が飛び散る可能性があります．
- 3 本指でガラス管を持ってゴム栓に挿入できないときは無理をせず，ゴム栓の穴を少し大きめにあけ直しましょう．

ピペットやガラス管は親指，人さし指，中指の 3 本指で持ち，両手の指と指の間を 2 cm 以内にするように習慣づけましょう．

2・2 ビーカー・バイアル瓶

・溶液が入っている大きなビーカーをわしづかみで持ち上げようとすると強く握らなければならず，その力で握りつぶしてしまうことがあります．ビーカーにひびや傷があるとあっけないほど簡単に割れ，最悪の場合，神経まで切って重い傷害が残ってしまいます．

> 500 mL 以上の大きなビーカーは，両手で持つように習慣づけましょう．

・固くふたが締まったバイアル瓶を開けるときも危険です．ジャムの瓶などは思い切り力を入れても割れないだけの肉厚がありますが，バイアル瓶のガラスは薄く，十分な強度はありません．
・ふたが開かないときは，力まかせに開けず，まず湿らせたペーパータオルをふたに巻き，お湯をかけて開けるようにして下さい．
・ふたの部分だけを暖めて膨張させるのがコツです．ガラスの部分にお湯をかけると，開きにくくなるだけでなく，ガラスが割れることもあるので注意しましょう．

こんな事故がありました！

- ピペットにピペッターを取り付けようとしたときにピペットが破損し，手のひらを貫通する傷を負った．神経接合手術を受けた．
- ゴム栓が固着したガラス管からゴム栓を取り除こうとしたときにガラス管が破断し，指を切った．
- 500 mL のビーカーをわしづかみにして持ち上げたところ，ビーカーが割れて指の神経を切った．縫合したが，指の機能を回復するのに1年近くを要した．
- マジックで書いた試料名が落ちにくいので，試験管をスポンジでごしごしこすっていたら割れ，手に全治3週間の切り傷を負った．

2・3 割れたガラス器具

・割れたガラス器具はすぐに処分しないと思わぬけがをしてしまいます．
・ビーカーやメスシリンダーの縁が欠けたときには，廃棄するか，火をかけて丸めておかないと危険です．

確認問題（以下の文章が正しければ○，間違っていれば×をつけよ）

2・1　メスピペットをピペッターに挿入するときは，すべらないようにメスピペットをしっかり握りしめて挿入する． ☐

2・2　ガラス器具のふちにひびが入っていても，溶液につからない部分であれば使ってもよい． ☐

2・3　メスシリンダーのふちが欠けても，溶液の出し入れに支障がなければ使ってもよい． ☐

2・4　ひびや傷がなければ，三角フラスコで減圧操作を行ってよい． ☐

2・5　バイアル瓶のふたが開かないときは，輪ゴムなどを巻いて手が滑らないようにして開ければよい． ☐

2・6　溶液が入ったガラス容器を割ってしまったとき，安全な溶液（たとえば食塩水）であればぞうきんでふき取って掃除をする． ☐

2・7　ガラス器具にマジックインキで書いた試料名が落ちにくいときはクレンザーで洗って消すとよい． ☐

3. クリーンベンチ

> 実験室の中で最も汚いのは，実は人の手で，コンタミのほとんどは手の雑菌が原因です．

- 作業の前には，必ず手を洗い，特につめの間，指の裏側は念入りに洗いましょう．消毒用アルコール（70％（w/w）エタノール）では，カビやバクテリアの胞子は殺せないので，過信してはいけません．手を良く洗うのが最も簡単で，かつ，最も効果的なコンタミ（雑菌汚染，contamination の略）対策です．
- クリーンベンチでは，エタノールと火を同時に使うことがありますが，エタノールは燃えるということを忘れてはいけません．
- 微生物を寒天培地に塗り広げる作業では，コンラージ棒にエタノールをつけ，火をつけて滅菌することがありますが，エタノールの容器とバーナーはできるだけ離した位置に置きます．
- エタノールは安定の良い，ふたのある金属の容器に入れ，万一こぼして引火したときの被害を考え，必要最小限の量を入れるようにしましょう．
- 金属容器のふたは火が入ったときにすぐに消火できるように必ず手元に置いておきます．
- ふたがあっても，ガラスやプラスチックの容器は火がつくと割れたり溶けたりするので使ってはいけません．
- 遺伝子組換え体や病原性微生物を扱う場合は，チップや紙をそのまま捨ててはいけません．専用の廃棄容器を準備して，滅菌してから捨てなければなりません．

3. クリーンベンチ

こんな事故がありました！

- 70％エタノールの噴霧により指を消毒したところ，クリーンベンチ内のバーナーから引火し，左腕全体に重い火傷を負った．
- コンラージ棒滅菌用のエタノールに引火し，容器がガラス製だったために割れ，燃え広がった．

確認問題（以下の文章が正しければ○，間違っていれば×をつけよ）

3・1 実験作業前に手を洗うことは，コンタミ防止のための最も手軽で効果的な方法である．　　□

3・2 滅菌用70％エタノールは，エタノール70 mLに水を加えて100 mLにすればつくれる．　　□

3・3 70％エタノールで滅菌すれば，およそコンタミの危険性はない．　　□

3・4 コンラージ棒を滅菌するエタノールは，ふた付きのガラス容器に入れておく．　　□

3・5 クリーンベンチに持ち込む滅菌用エタノールは必要最小限にする．　　□

3・6 クリーンベンチの紫外線ランプはコンタミ防止のため，作業中も常に点灯しておく．　　□

3・7 メスピペットで培地を無菌的に計量するときは，メスピペットが垂直になるように注意して目盛りを読む．　　□

4. オートクレーブ

> バイオ系の実験に用いる培地や器具などはオートクレーブで蒸気滅菌しますが、高温・高圧となるので、さまざまな注意とルールの遵守が必要です。

- 滅菌を始める前に、まず、オートクレーブの釜に十分に水が入っていることを確認し、必要なら補給します（図1・9）。
- 溶液を滅菌する場合、原則として容器の高さの1/3まで、三角フラスコであればその容量の1/2までにします。
- オートクレーブのふたをロックするハンドルは、指1本でハンドルを回し、回らなくなったところから定められた量だけ増し締めするようにしてください。十分締めなければ蒸気がもれ、締めすぎるとパッキンの劣化を早めてしまいます。
- オートクレーブ使用時は、最低限、タイマーが切れるまでの間、実験室を無人にしてはいけません。パッキンは必ず少しずつ劣化し、蒸気が漏れるようになります。このとき、実験室に誰もいなければ、蒸気漏れに気づかず、空だきになり、火事になってしまいます。
- オートクレーブには空だき防止装置はついていますが、必ず作動するという保証はありません。
- ふたが上下に開くタイプのオートクレーブの場合、ふたが完全にロックされたことを確認しなければなりません。もし、ロックが不完全だと、加圧中にふたが開いて大事故につながります（図4・1）。
- オートクレーブから培地などの液体試料を取り出すときのやけどは、バイオ系の実験の3大事故の一つです。

4. オートクレーブ

図 4・1 ロックピン作動不良でふたが開き，内容物が吹き飛んだ例

・滅菌中，温度は 121 ℃ まで，内圧は大気圧より 1 気圧上昇します．加熱が終わると放熱によって温度は下がりますが，オートクレーブのセンサーは釜に取り付けられており，釜は外側から冷えていくため，フラスコの中の溶液の温度は表示される温度よりも高いことに注意しましょう（図 4・2）．表示される温度と実際の液温の差が 30 ℃ 以上ある場合もまれではありません．

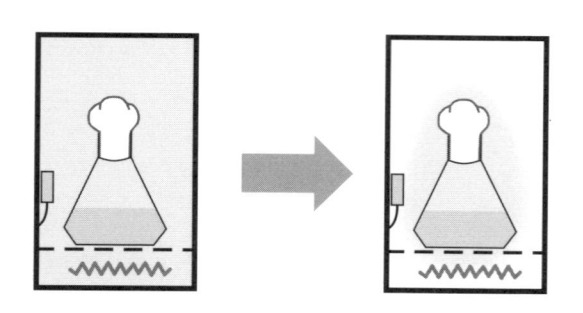

まわりから冷却されるので，センサー表示温度は内容物の温度よりも低い

図 4・2 センサー部分と内容物には温度差がある

- この温度の差は，液量が大きいほど，寒天培地や濃い糖の溶液など，粘度が高く，対流が起こりにくい溶液ほど大きくなります．
- 表示が少なくとも 60 ℃以下になるのを待ってふたを開けます．DVD ではふたをあけてからすぐに取り出していますが，さらに数分待ってから取り出すのがより安全です．
- エタノールなどの有機溶剤や塩酸などの揮発性の酸，アンモニアなどをオートクレーブすると，爆発の危険があったり，釜を腐食させたり，猛烈な臭いがでたりしますので，これらの溶液はオートクレーブしてはいけません．そもそも，濃度が変わってしまい，実験には使えなくなってしまいます．

こんな事故がありました！

- 寒天培地をオートクレーブから取り出した直後にかき混ぜたところ突沸し，手に全治 1 カ月のやけどを負った．
- 表示温度が 90 ℃になったところでジャーファーメンターを取り出したところ，突沸した培地を頭から浴び，顔を含む上半身にケロイドが残った．
- オートクレーブのふたのロックピンが汚れのためにしっかりとロックしないまま加熱したため，ふたが開いて内容物が吹き飛んだ（図 4・1）．

確認問題（以下の文章が正しければ○，間違っていれば×をつけよ）

4・1 オートクレーブは，溶液が突沸する危険があるので，表示温度が 90 ℃以下に下がってからふたを開ける．

4・2 ふた付きのガラス瓶を滅菌するときは蒸気が結露して容器内部に水が入らないように，しっかりふたを閉めて滅菌する．

4・3 オートクレーブのふたのハンドルは，蒸気が漏れないようにできるだけ固く締める．

4・4 オートクレーブのふたを開けるときは，圧力がゼロになっているか，温度が十分にさがっているかのいずれかを確認しなければならない．

4・5 エタノールや塩酸，アンモニアなどの揮発性の薬品は，濃度を変えないために密栓してオートクレーブ滅菌を行う．

4・6 オートクレーブの釜の中に水が十分あるかどうか，週1回の確認を行う．

5. 電子レンジ

> 電子レンジは，電気泳動に用いるアガロースや，培地に用いる寒天を溶かすとき便利です．しかし一つ間違うと，死亡事故にさえつながります．

・電子レンジで溶液を加熱するときは，ふたを十分に緩めるか，外さなくてはなりません．
・もし，ふたを密閉して加熱するとどうなるでしょうか．図5・1は密閉容器を加熱して爆発した瞬間です．このように，家庭でよく使う電子レンジでも，一つ間違うと，死亡事故にさえつながります．

図 5・1 密閉容器を電子レンジ加熱して破裂した瞬間

5. 電子レンジ

- 電子レンジで加熱するときは，その場を離れてはいけません．加熱するときは常に中の様子を見ながら，沸騰しそうになったらいったんスイッチを切ります．また，このとき，すぐに取り出してはいけません．
- 加熱をやめたら最低でも30秒以上待ってから，軍手の上にさらにプラスチックかゴムの手袋をし，突沸した溶液が手にかかってもやけどをしないように，向きに注意して取り出しましょう．軍手だけだと，もし突沸した場合，熱い溶液が染みこんでひどいやけどを負ってしまいます．
- ホルマリン溶液を調製するためにパラホルムアルデヒドを溶解するとき，核酸抽出用のフェノールを調製するため結晶のフェノールを溶解するときなどは，電子レンジで加熱してはいけません．

こんな事故がありました！

- 密栓したガラス容器を電子レンジで加熱したところ破裂し，吹き飛んだレンジのドアが廊下をはさんだ反対側の研究室にまで飛んだ．
- アガロースを溶解していたフラスコを取り出し，机上に置いた瞬間に突沸し，軍手にしみ込んで重度のやけどを負った．
- 密栓したガラス容器を電子レンジで加熱後，取り出したとたんに容器が破裂し，破片で目の横から額にかけて7針縫合を要する大きな裂傷を負った．

確認問題（以下の文章が正しければ○，間違っていれば×をつけよ）

5・1　電子レンジで寒天やアガロースを加熱するときは，水分の蒸発を防ぐためにふたをして加熱する．

5・2　水分の蒸発を最小限にするために容器の口をアルミホイルで覆う．

確 認 問 題

5・3 加熱したものを取り出すときは，やけどをしないよう軍手をする． ☐

5・4 アガロースを溶かすときは，溶け残りを防ぐために，加熱直後によく混ぜる． ☐

6. ウォーターバス・インキュベーター

> 微生物の培養や器具の乾燥には，ウォーターバスやインキュベーターなどを用います．どちらも一定の温度を保つためにヒーターで加熱していますが，正しく使わないと火災につながります．

6・1 ウォーターバス

- ウォーターバスを使うときには，必ず空だき防止装置が正しくはたらくことを確認します．
- 水が減ってフロートが下がるとヒーターが切れるようになっているので，インキュベートを始める前にフロートを押し下げて，ヒーターが切れることを確認します．
- もし安全装置がはたらかず，水が減ってもフロートが動かなければ，温度センサーは室温を感じているので，ヒーターは加熱を続け，空だきになってしまいます．この場合は，すぐに修理に出すか，廃棄するようにしてください．

図 6・1 ヒーターが水槽に触れ，水槽が溶けて出火した例

6・1 ウォーターバス

- プラスチック水槽を使用するときは，ヒーターカバーがなければヒーターが水槽に触れて，プラスチックが溶けたり火災につながります（図6・1）．ヒーターが水槽に触れないように注意しましょう．
- ウォーターバスのかくはんポンプにごみ（ほこり，髪の毛，ビニールやアルミホイルの切れ端）が詰まると，モーターが過熱して火事になる場合があります．定期的に水を入れ替えて掃除をしましょう．
- ウォーターバスの終夜運転は，やかんを火にかけたまま外出するのと同じで，実は非常に危険です．極力避けましょう．
- やむを得ず終夜運転をする場合，先生の許可と指導を受けた上で，終夜運転の表示をし，安全装置の作動を確認し，水の量が十分であるかを確認します．
- 設定温度が高いほど，部屋の湿度が低いほど蒸発による水位の低下は速くなることに注意し，たとえば朝10時から夕方6時までの8時間に低下する水位を調べ，翌朝10時までの水位を予測して，安全な水位が保てるかどうかを確かめる慎重さが必要です．
- 高い温度に設定する場合は，水のかわりにシリコンオイルなどを使う場合（オイルバス）があります．オイルバスにはシリコンオイルなどを使うので蒸発することはありませんが，長く使っているとオイルが劣化してゲル状になり（図6・2），ポンプが詰まって過熱して出火することがあります．

図 6・2　オイルが劣化してかくはんポンプが詰まり過熱した例

・オイルバスで 100 ℃以上に加熱する場合，オイル中に水が入っていると突沸し，オイルがはね飛んで非常に危険です．使用する前に水が混入していないか，確認してから使用します．

6・2 インキュベーター

・バイオ系の実験では，寒天プレートを保温したり，器具を乾燥させたり，乾熱滅菌するために，インキュベーター（ふ卵器，乾燥器，乾熱滅菌器）を用います．
・プラスチックなどの可燃物をインキュベーターに入れる場合，その温度に耐えられるのかを必ず確認し，温度設定を確認します．
・インキュベーターのヒーターは底の部分にあり，センサーは上部にあります．物を入れ過ぎたり，トレイなどを入れて空気の循環を妨げると，センサー付近は設定温度まで上がらなくなり，ヒーターは加熱を続けます．このため，たとえ低い温度に設定していても，過熱してプラスチックが溶け，ヒーターに直接触れれば出火してしまいます．

こんな事故がありました！

- ウォーターバスを終夜運転中，空だきとなり出火した．深夜であったが，たまたま通りがかった学生が初期消火に成功した．
- オイルバスのオイルが劣化してかくはん翼付近で固まり，モーターが過熱して出火した（図 6・2）．
- 乾熱滅菌器を 60 ℃に設定してプラスチック器具の乾燥器として使用していたところ，何かのはずみで温度設定ダイヤルが 150 ℃までずれ，プラスチックが溶けてヒーター部に流れ込み発煙した．
- プラスチック製チップケース（耐熱温度 130 ℃）などの器具を 60 ℃に設定した乾燥器で乾燥していたところ，異臭がして発煙した．乾燥器内に目いっぱいケースを詰め込んだため，空気の循環が妨げられ過熱し，ケースが溶解したことが原因．

・インキュベーターを床に直接置いている場合，足が当たって設定温度がずれたりしないようにカバーを取り付けるか，ビニールテープなどで固定しておきます．

確認問題（以下の文章が正しければ○，間違っていれば×をつけよ）

6・1　ウォーターバスの空だき防止装置は週に1回点検しなくてはならない．　　□

6・2　空だき防止装置が付いていれば，終夜運転してもよい．　　□

6・3　インキュベーターにプラスチック器具を入れるとき，器具の耐熱温度が設定温度よりも高ければ心配はない．　　□

6・4　ガラス器具は乾熱滅菌することができ，170～180℃で1時間以上行うとされているが，一晩行えば完ぺきに滅菌できるので，終夜運転で滅菌すべきである．　　□

7. 電源の取り方

> ウォーターバスやインキュベーターには，大きな電流が流れます．十分な容量があるコンセントに，プラグをしっかりと差し込みます．

・プラグをしっかり差し込んでいないと，わずかな接触面に大きな電流が流れて過熱してしまいます（図7・1）．その結果，コンセントが焦げたり，最悪の場合は火が出てしまいます（図7・2）．

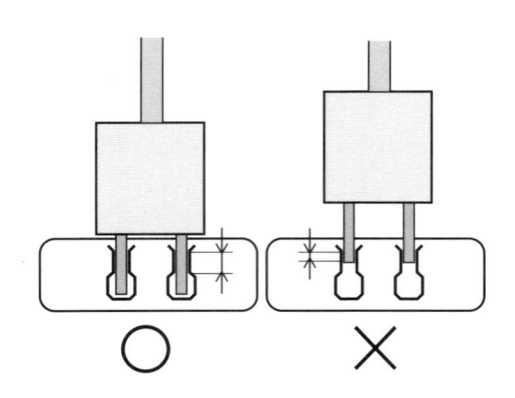

図7・1 コンセント内部の状態

・ウォーターバスやインキュベーターのように大きな電流が流れる機器（太い電源ケーブルがついている機器）には，原則として延長コードは使用せず，やむを得ず使用する場合は，必ず許容電流を確認しましょう．

こんな事故がありました！

- 人通りが多い廊下のコンセントからフリーザーの電源を取っていたところ，プラグが半分抜けた状態になり，火を噴いた（図7・2A）.
- 宙ぶらりんの状態で延長コードにつないでいたらプラグが半分抜けた状態になり，過熱してコンセントが焦げた（図7・2B）.

図7・2　コンセント接続不良の例

確認問題（以下の文章が正しければ○，間違っていれば×をつけよ）

7・1　家庭と違い実験室のコンセントには十分な電気容量があるので，容量を気にせず使用できる．　　□

7・2　たこ足配線とは，一つのプラグから複数の機器の電源を取る状態をいう．　　□

7・3　大電流が流れる機器，終夜運転する機器のプラグはロック式が望ましい．　　□

8. 遠心分離機

遠心分離機はバイオ系の実験では必須の機器といえます．遠心分離機は大きな運動エネルギーをもち，使い方を誤ると，機械を損傷するだけでなく，人身事故にもつながります．

8・1 セットの仕方

・遠心分離をするときには，まず，取扱説明書やメーカーのURLなどで，使用するローターがどれだけの回転まで許容されるのかを確認します[*]．また，使用する遠心管についても，どれだけの遠心力に耐えられるかを確認します．

・遠心管が使用する溶媒（有機溶媒，強酸，強アルカリなど）に耐えられるかどうかも確認します[*]．

・ローターの形状と遠心管の形状は，ぴったり合っていなければなりません．形状が異なると，強い遠心力で遠心管が変形，破損します（図8・1 A）．

・ローターの底に遠心管が届かず遠心管のふたの部分でひっかかっている状態で遠心分離すれば，遠心管のふたが飛んでしまいます（図8・1 B）．

・ローターの形状より遠心管の方が長すぎると遠心管が折れる場合があります（図8・1 C）．また，ふたがきちんとしまらない場合はふたが飛んでしまうことがあり危険です（図8・1 D）．

---

[*] たとえば下記を参照．
http://www.hitachi-koki.co.jp/himac/products/tubes/m-tube.html
http://www.nalgenunc.co.jp/html/info.shtml

8・1 セットの仕方

A 底の形状が合っていない場合

B 底に届いていない場合

C 十分な深さがない場合

D ふたが閉まらない場合

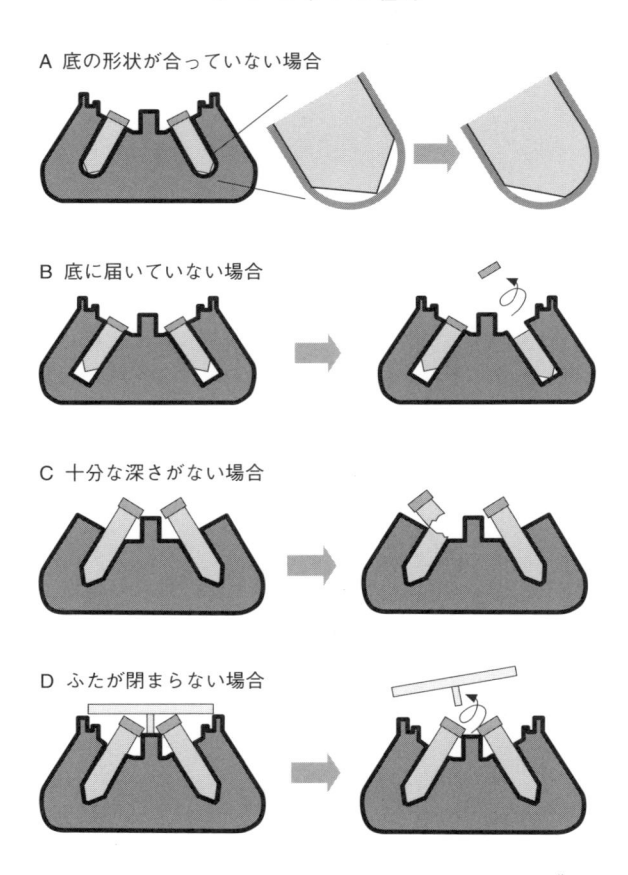

図 8・1 遠心管とローターの不適合によるトラブル

> 使用する遠心管が適合するかメーカーの URL などで調べてから使用しましょう．

・遠心力は "×g"（その遠心力が重力加速度の何倍か）で表現しますが，遠心機の回転速度の設定には "rpm"（revolution per minute, 1 分間に何回転させるか）を使います．

8. 遠心分離機

- 遠心力と回転速度は次式で換算することができます．また，図8・2に示す方法で簡易計算することができます．

$$G = 11.18 \times \left(\frac{N}{1000}\right)^2 \times R$$

$$N = 300\sqrt{\frac{G}{R}}$$

　　G：遠心力（×g）
　　R：回転半径（チューブの最も外側と回転軸の間の距離）（cm）
　　N：回転速度（rpm）

- 遠心力は回転半径に比例するので，ローターの外側のほうが遠心力は大きくなります．遠心管が耐えられるかどうかは最大回転半径を用いて計算した遠心力で判断しなければなりません．
- 遠心分離機は必ず水平に置かなくてはなりません．斜めに設置されていると，こまを回すときと同様に，回転しているローターは鉛直に立とうとします．その結果，回転軸には毎分何千回も曲げ応力がかかり，金属疲労で回転軸が折れるなどの事故につながります．
- ローターは回転軸に確実にセットしましょう．
- 回転軸とローターとツメがかみ合うようにセットします．回転軸にほこりがたまると，ローターが浮いて，ツメのかみ合わせが悪くなり，危険です．ツメがない機種もありますが，ほこりやごみが詰まってローターが浮けば同様に危険です．

演習6　半径8 cmのローターで5000 × gの遠心力を得るには，毎分何回転させればよいか．

演習7　半径6 cmのローターを12 000 rpmで回転させたとき，遠心力はいくらか．×gの単位で答えなさい．

演習8　演習6，演習7の答えを，図8・2に示した簡易換算法を用いて検算しなさい．

8・1 セットの仕方

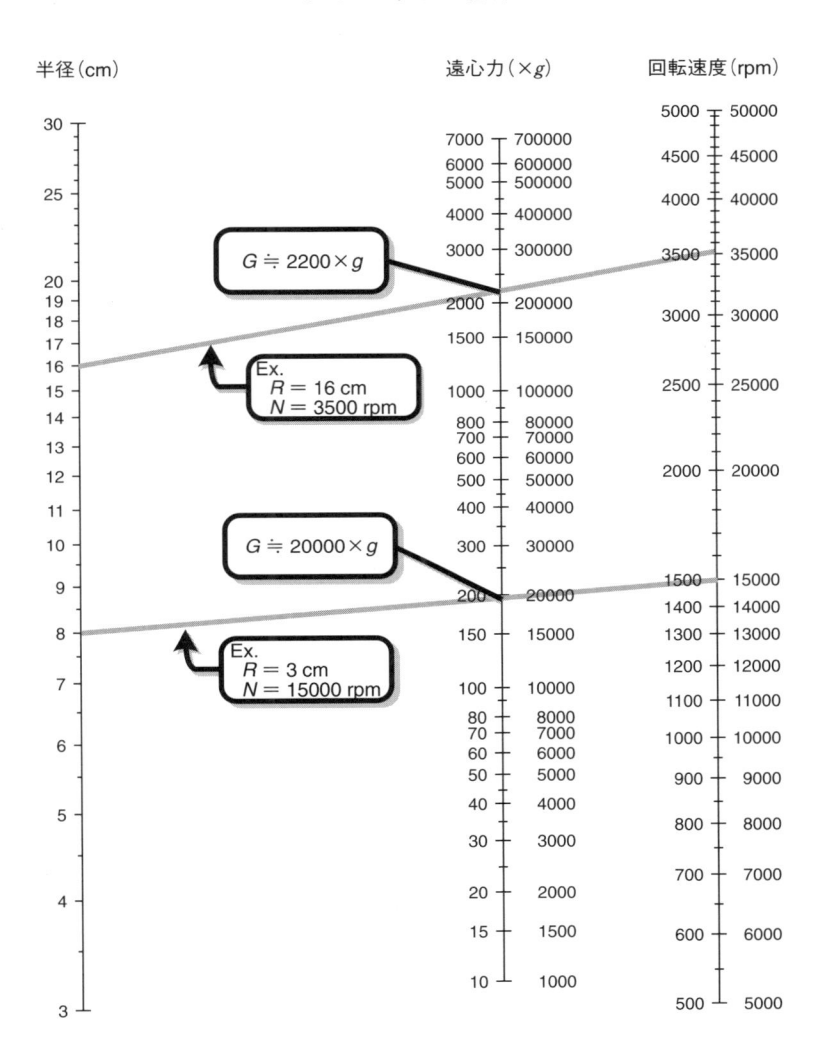

半径 R（cm），遠心力 G（×g），回転速度 N（rpm）のうち二つがわかれば，それを直線で結び，残りの一つの値を求めることができる

図 8・2 遠心力 G（×g）と回転速度 N（rpm）の簡易換算［久保田商事株式会社"遠心力の算出方法"〈http://www.kubotacorp.co.jp/calc/〉（最終更新日 2006 年 5 月 10 日）による］

8・2 バランスの取り方

- 遠心分離では，バランスをとることが大切ですが，重さのバランスを取っただけでは不十分です．
- 重さに回転軸から重心までの距離をかけたモーメントのバランスをとらなければなりません．
- 同じ重さのボールを，違う長さのひもにつけ，これを回転させると，ひもの長い方が手に受ける力は大きくなることからわかるように，異なる材質の遠心管やふたを使ったり，比重が違う溶液では重量のバランスをとっても，重心の位置が異なり，モーメントのバランスは取れません（図8・3）．
- 微生物などの懸濁液を遠心分離するときも，同じ比重の溶液でバランスを合わせても，モーメントバランスはとれません．遠心分離が進むと，比重が大きい細胞は底に沈み，重心の位置が下がってしまうからです（図8・3）．
- 無視できない量の沈殿が生じる試料は，よく混ぜてから二等分することでモーメントのバランスを合わせるようにします．
- バランスをとったら，遠心管のふたをしっかり閉めます．

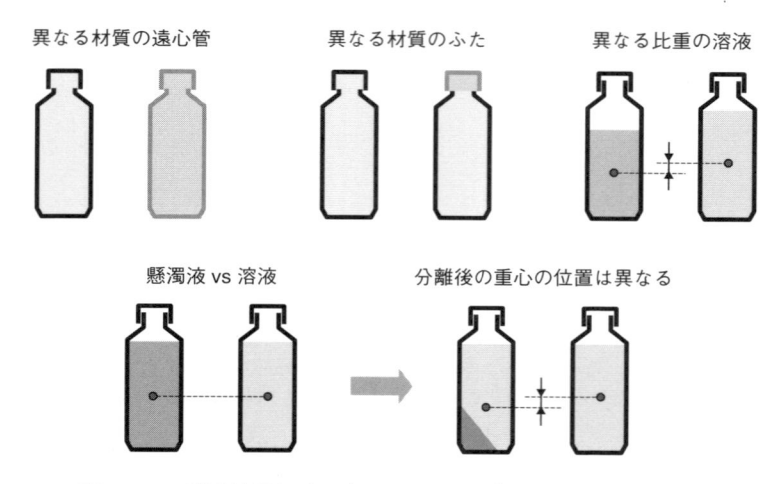

図 8・3 重量は等しくてもモーメントバランスはとれない例

8・2 バランスの取り方

- 遠心管の口まで試料を入れて分離すると（図8・4A），溶液がこぼれる場合があります（特に200 mL以上の遠心管）．これは，アングルローターにセットして分離を始めると水面は垂直になるからです．
- 遠心管本体とふたのすき間より，水面が1 cm回転軸側にあったとき，$10\,000 \times g$で遠心分離すれば，すき間には水深100 mと同じ10気圧の水圧がかかることになります（図8・4B）．
- 安全な液量の求め方は，ローターのアングル(θ)を調べ，水を入れた遠心管を($90° - \theta$)傾けたときに，残った水の量が安全な液量です（図8・4C）．

1. ローターのアングル θ を調べる
2. 水を入れた遠心管を $90° - \theta$ 傾ける
3. "残った水の量" が上限の量

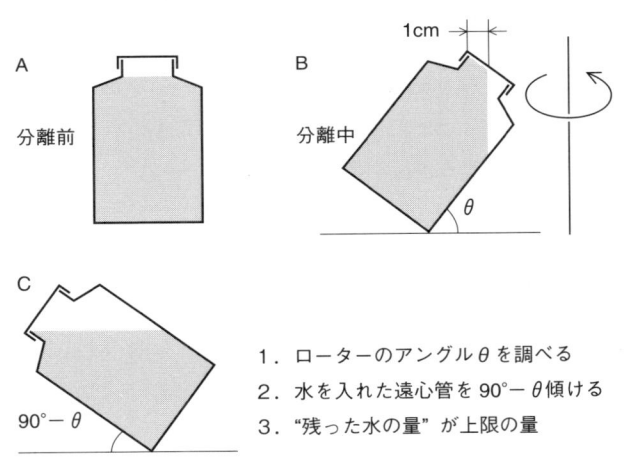

図 8・4　安全な液量の求め方

- バランスを取った遠心管はローターに対称にセットします．
- 3本の遠心管を120°の角度でセットしても構いません．この3本はバランスが取れているので，さらに2本，対称にセットすることもできます．
- ローターが加速するとき，ふたの慣性でネジが締まる方向に回転します．しかし，分離が終わって減速するときには，ローターのふたは慣性で緩もうとします．緩むとふたが外れて，分離機のチャンバーやローターを損傷してしまいます．

8. 遠心分離機

- ローターとふたの間にはO-リングがついています．このO-リングは，減速時に慣性でふたが外れるのを防ぐ，という安全上とても重要な役割を果たしています．
- 分離を開始してもすぐにその場を離れてはいけません．設定した回転に達するまで，その場で音を聞いて監視する習慣を身につけましょう．
- バランスが取れていなければ，いつもと違う低い音がします．
- 異常音に気づいたら，直ちに停止スイッチを押し，ローターが完全に止まってから点検しましょう．
- もしも試料がもれた場合には，ローターの底には試料が入り込んでいますから，よく洗わなくてはなりません*．
- 遠心分離が終わっても，続けて使用する場合は，分離機の扉は閉めておきましょう．扉を開けたままだと，チャンバーに霜がつきます．回転の風圧で霜が外れたら，思わぬ事故を招きます．
- 分離機を使い終わったら，ローターを取り外し，試料の漏れがないことを確認した上で，伏せておきます．上を向けていると結露した水分がローターの中にたまったり，ほこりが入ってバランスが崩れる原因になります．
- スイング型の分離機を用いる場合，アセンブリーは四つとも同じものを装着しなければなりません．たとえ2本の試料を分離する場合でも，図8・

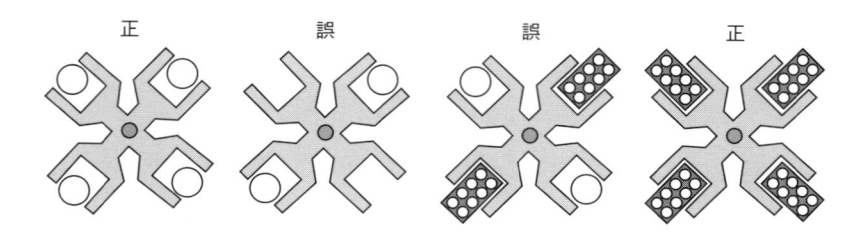

図 8・5 スイング型の分離機のアセンブリーの装着

---

* DVDでは，組み換え大腸菌の培養液が漏れた場合を想定して70％エタノール溶液で滅菌していますが，漏れた微生物によっては，次亜塩素酸ナトリウム溶液や塩化ベンザルコニウム水溶液などを用いなければ滅菌できない場合もあります．

5のように四つとも同じものを装着しなければなりません．四つとも同じものを装着しないと，回転させたときにアームに不均一に力がかかり，金属疲労を招くからです．

━━━ こんな事故がありました！ ━━━

- ローターとふたの間のO-リングを装着せずに運転したところ，回転中にふたが飛び，チャンバー内を激しく損傷した．
- 丸底のローターで底が三角錐状のプラスチックチューブを遠心分離したところ，チューブが変形し，溶液がもれた．
- 滅菌済みプラスチックチューブ（使い捨てが前提）で繰り返し遠心分離したところ，チューブが変形し溶液がもれた．
- 酵母の20％懸濁液を水でバランスをとって遠心分離したところ，分離によりモーメントバランスが崩れた．異音に気づいて回転を止めたが，回転軸が曲がった．
- プラスチックチューブの耐遠心力を調べずに $22\,000 \times g$ で遠心分離したところ破損してローターが割れ，チャンバー内を損傷した．このチューブの上限の遠心力は $18\,000 \times g$ だった．
- 塩化セシウム-エチジウムブロミド平衡密度超遠心分離でプラスミドDNAを精製する際，温度を25℃に設定すべきところ4℃に設定したため，塩化セシウムが析出してバランスが崩れた．超高速で回転するローターが飛び，超遠心分離機は大破した．

確認問題（以下の文章が正しければ○，間違っていれば×をつけよ）

8・1 天秤でバランスをとれば形状の異なる遠心管を使用できる．

8・2 試料が1本の場合，同じ形状の遠心管に水を入れてバランスを取る．

8・3 室温で遠心分離するときは，冷却機のスイッチは入れなくてよい．

8. 遠心分離機

8・4 分離が終了し，ローター回転数が 1000 rpm 程度まで下がれば，手で回転を止めてよい． ☐

8・5 ローターの形状とぴったり合えば，異なる遠心管をペアにしてバランスを取ってもよい． ☐

8・6 核酸のクロロホルム抽出，フェノール抽出にはテフロン製の遠心管を用いた方がよい． ☐

8・7 トリス緩衝液の分離にはポリスチレン製の遠心管を用いない方がよい． ☐

9. え！それって危ないの？

日常の何気ない操作にも，危険は潜んでいます．この章ではそのような事例を紹介します．

9・1 ピペットマン

- ピペットマンはバイオ系の実験では基本の道具ですが，チップの先を注意して見ていますか？ 一度溶液を出し入れしたチップの先には，図9・1のように溶液が残ります．このチップで再度溶液を吸うためにピストンを押し下げれば，先に残った溶液は飛び散ります．

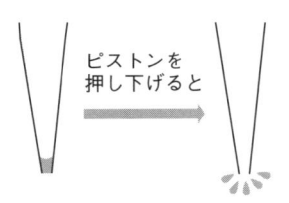

図 9・1 チップの先に残った溶液

- チップを繰り返し使う場合はチップの先をよく見て，溶液が残っていたら，容器の中にチップを入れた状態でピストンを押し下げなくてはなりません．
- 蒸発しやすい有機溶媒を扱う場合，吸い込んだ溶媒の蒸気圧で，溶液が垂れ，こぼれてしまいます．有機溶媒を吸うときは，チップの先を溶媒につけた状態でゆっくり何度かピストンを引いて押す操作を繰り返して，ピストンを押し込んでも泡が出なくなったところで取り出します．

9. え！それって危ないの？

ピペットマンの正しい使い方を図9・2に示します．

- ピペットマンのピストンは2段階に押し込むことができます．
- まず，チップをしっかり装着し，ピストンを1段目まで押し込んだ状態でチップを溶液につけます．このとき，チップの外側に余分な溶液がつかないようにチップを溶液に深くいれないようにします．
- つぎに，ピストンをゆっくり戻します（大容量のピペットマンの場合，溶液が勢いよくピストンにまで入ってしまうのを避けるため，特にゆっくり戻します）．チップの中を陰圧にして溶液を吸い上げているので，溶液が完全に吸われるまで，一呼吸待ってからチップを溶液から引き上げます．
- そして，ゆっくりピストンを1段目まで押し込んで溶液を出します．このとき，溶液によっては（たとえば有機溶媒やタンパク質溶液などは）チップの内壁に付着して残っています．この溶液がチップの先まで降りてくるのを待ってから，2段目までピストンを押し込みます．

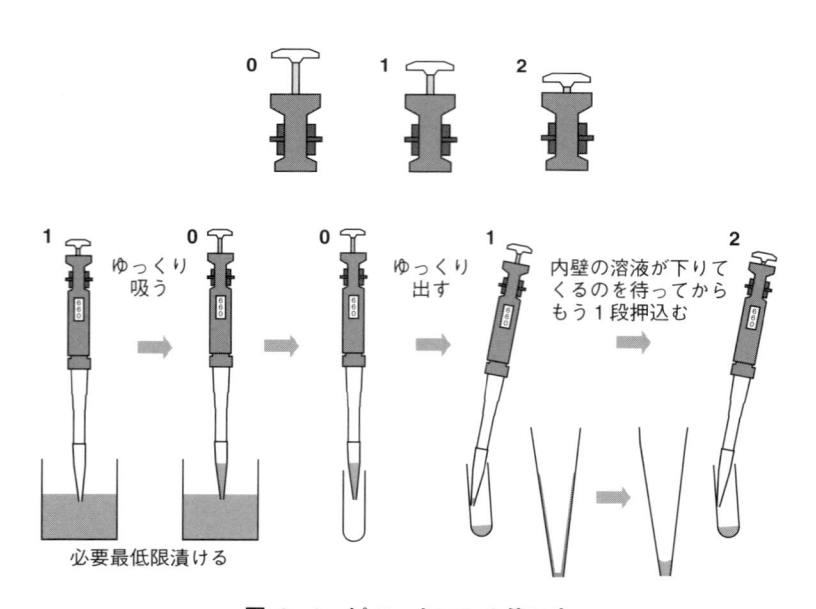

図9・2　ピペットマンの使い方

9・2 液体窒素での凍結試料作成

- 液体窒素で試料を凍らせるときは，まず，換気に注意します．
- 保存容器の万一の破裂に備えて必ずフルフェースの保護具，白衣をつけなければなりません．
- チューブに入れた微生物の懸濁液を凍らせる場合，どっぷりと漬けるとチューブの破裂事故につながります．
- 液体窒素で冷却すると，チューブの中の空気は約1/4に縮むので，液体窒素がチューブの中に入ってしまう場合があります．チューブを取り出すと，すぐに霜がつき，液体窒素は氷で密閉されます．これが室温に放置されれば，液体窒素は気化し，チューブは破裂してしまいます（図9・3）．
- 試料チューブは1本ずつ底の部分だけを液体窒素につけて凍結させます．

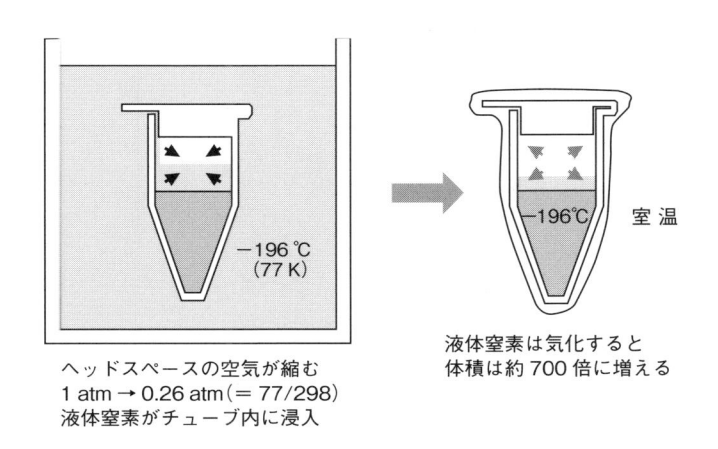

-196 ℃
(77 K)

室温

-196 ℃

ヘッドスペースの空気が縮む
1 atm → 0.26 atm（= 77/298）
液体窒素がチューブ内に浸入

液体窒素は気化すると
体積は約700倍に増える

図 9・3 チューブに液体窒素が入り込むと…

9・3 SDS

- SDS（sodium dodecyl sufate：ドデシル硫酸ナトリウム）は，タンパク質の電気泳動などで頻繁に用いる試薬ですが，強力な界面活性効果があり，細胞膜を溶かしてしまいます．

- 粉末を吸い込むと，気管や肺の細胞が破壊され，呼吸器障害を起こします．
- 必ず防塵マスクをして，まき散らさないように慎重に計量しなければなりません．

9・4 フィルター沪過

- 溶液をシリンジフィルターで精密沪過するとき，力を入れすぎると，フィルターがシリンジから外れ，溶液が飛び散ります．
- シリンジフィルターを用いるときは，必ず保護メガネをかけます．
- 粒子がたくさん含まれている濁った溶液を沪過すると，フィルターがすぐに詰まってしまいます．あらかじめ遠心分離して粒子を除いておけば，楽に精密沪過ができます．

9・5 腐った培地

- 培地を作り置きすると便利ですが，うっかりするとコンタミして腐ってしまいます．腐った培地は実は危険です．
- 図9・4のようにフルフェースの保護メガネと厚手の手袋（たとえば液体窒素取り扱い用の皮手袋）を着用し，破裂に備えた態勢でふたを開けるようにしてください．腐った培地は，滅菌してから廃棄して下さい．

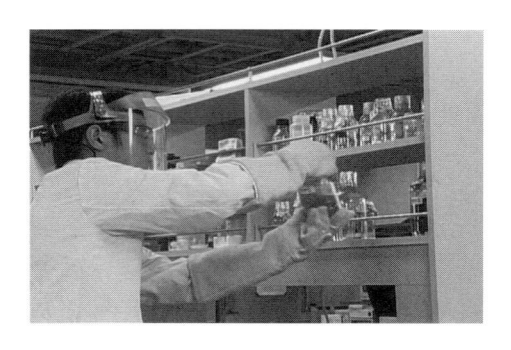

図 9・4　腐った培地の処理

9・5 腐った培地

- 特にグルコースなどの糖が入った培地が腐ると，炭酸ガスが発生し，5気圧，10気圧以上の内圧がかかる場合があります．例として，図9・5に示す内容積550 mLの培地瓶に入った300 mLのYPD培地（グルコース濃度2％）が腐った場合を考えます．瓶には$300 \times 0.02/180 = 0.033$ molのグルコースが含まれるので，これが完全に発酵すれば，0.067 molの炭酸ガスが発生します．その体積は，室温（27℃）では$0.067 \times 0.0821 \times (273 + 27)$ = 1.6 Lとなり，瓶のヘッドスペースは250 mLですから，内圧は6気圧以上上昇することになります．

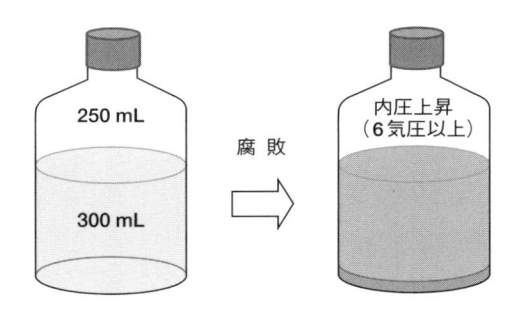

図9・5　グルコース含有培地が腐ると内圧が上昇する

═══════ こんな事故がありました！ ═══════

- ピペットマンでトリフルオロ酢酸（TFA）を連続分注しているときに，チップ先端にたまった液が飛び散り，太ももに薬傷を負った．
- 試料を凍結させるためチューブを液体窒素にいれたところ，液体窒素がチューブ内に入り込み，取り出した直後に破裂し，飛んできたチューブのキャップで顔面を切った．
- シリンジフィルターによる限外沪過中に，フィルターが目詰まりを起こし，無理にピストンを押し込んだところ，フィルターが外れて溶液が飛び散り目に入った．
- 腐った培地のふたを開けた瞬間に溶液が吹き出し，頭や目に腐った培地を浴びた．

9. え！それって危ないの？

確認問題（以下の文章が正しければ○，間違っていれば×をつけよ）

9・1　ピペットマンからのコンタミを防ぐため，ピペットマンはオートクレーブ滅菌をする．　□

9・2　除菌フィルターを装着した注射器で試料を精密沪過する際にはフィルターが外れて試料が飛び散る可能性を考慮しなければならない．　□

9・3　濁った試料を精密沪過（限外沪過）する場合，あらかじめ遠心分離などで粒子を除いておく．　□

9・4　SDS（sodium dodecyl sulfate）は界面活性剤でせっけんの一種だから，飲んだり目に入ったりしなければ危険はない．　□

9・5　アクリルアミド（モノマー）は粉末を吸い込むと危険だが，溶液にすれば安全である．　□

9・6　グルコースを含む培地がコンタミすると，発生する二酸化炭素で容器が破裂することがある．　□

9・7　液体窒素は凍傷を負ったり酸素欠乏事故を起こす危険のほかに，爆発火災事故を起こすこともある．　□

9・8　液体窒素を扱うときは凍傷にならないように軍手をする．　□

9・9　酸素濃度が5％以下の空気は一息吸っただけで失神する．　□

10. 特に注意を要する試薬

> 研究では非常に多くの試薬を扱いますが，それぞれの試薬にどのような注意が必要かをあらかじめ調べておかなくてはなりません．

バイオ系の実験ではさまざまな試薬を用いますが，法律によって，その所持や保管が制限されていたり，使用量の記録や報告が義務づけられているものもあります．それぞれの試薬のMSDS（Material Safety Data Sheet）を読めば，どのような法律が関係するのか，どのような危険性があるのか，万一飲み込んだり皮膚に付着したときにどのように対処すればよいのか，などを知ることができます．MSDSは，試薬会社のURLでオンライン検索することができます[*]．実験の前に，使用する試薬のMSDSを読み，必要な予備知識を得る習慣を身につけましょう．

10・1　知っておくべき法律と対象物質
❶ 毒物及び劇物取締法
硫酸，塩酸，水酸化ナトリウム，水酸化カリウム，亜鉛化合物，硫酸銅，クロロホルム，ホルムアルデヒド，メタノール，アジ化ナトリウムなどが該当します．使用前後の重量を測定して記録し，常に鍵のかかる金属の保管庫に保管しなければなりません．もし，記録とつじつまが合わなければ，直ちに管理責任者の先生に知らせなければなりません．

---

[*]　http://218.223.29.73/msds-finder/select.asp

❷ 消防法

火災や爆発に結びつくさまざまな危険物について，その貯蔵や取り扱いの規則が定められています．可燃性の溶媒はすべて該当します．エタノールなどのアルコール類や酢酸エチルなどの有機溶媒は引火性が強く，近くにバーナーなどがあれば容易に引火します．周囲の火の気に注意し，不必要に大量に実験室に持ち込んではいけません．

❸ 特定化学物質障害予防規則

特定化学物質等障害予防規則（**特化則**）で定められた化合物を扱うには，専用の局所排気設備が必要です．アクリルアミド，ホルムアルデヒド，シアン化カリウム，シアン化ナトリウム，マンガン及びその化合物（塩基性酸化マンガンを除く）などが該当します．

❹ 有機溶剤中毒予防規則

有機溶剤中毒予防規則（**有機則**）で定められた化合物を扱うには局所排気設備が必要です．アセトン，イソプロピルアルコール，イソアミルアルコール，クロロホルム，N,N-ジメチルホルムアミド，メタノールなどが該当します．

❺ 化学物質排出把握管理促進法（PRTR 制度）

PRTR は Pollutant Release and Transfer Register（環境汚染物質排出移動登録）の略で，この対象となっている試薬は，使用量，廃棄量を記録し，環境へ放出される推定量を報告しなければなりません．アセトニトリル，クロロホルム，エチレンジアミン四酢酸（EDTA），トルエンなどが該当します．

❻ その他

薬事法，麻薬及び向精神薬取締法，大気汚染防止法，水質汚濁防止法（重金属，有機化学物質など），土壌汚染対策法（特定有害物質），高圧ガス保安法，火薬類取締法，爆発物取締罰則，特定物質の規制等によるオゾン層の

保護に関する法律，化学物質の審査及び製造等の規制に関する法律（化審法），特定有害廃棄物等の輸出入等の規制に関する法律，などが関係する場合があります．

10・2　特に注意を要する試薬
❶ 変異誘起剤
　目的物質の生産を増強したり，ある遺伝子を欠損させたりするめに，エチルメタンスルホン酸や N-メチル-N'-ニトロ-N-ニトロソグアニジンなどを用いることがあります．これらは強力な発がん剤であり，飛散させると非常に危険です．必ず十分な経験をもつ教員の指導のもとで取り扱い，万一こぼしたときの対策も講じておかなければなりません．

❷ 臭化エチジウム（エチブロ）
　DNA の染色に用いますが，発がん性があるとされています．次亜塩素酸などで処理すると，かえって発がん性が高い物質が生じるとされているので，市販の専用吸着剤などを用いて処理します＊．使用済みの吸着剤は一般ごみとして廃棄せず，たとえば，感染性医療廃棄物として適正に廃棄する必要があります（この場合，必ず感染性医療廃棄物の取扱業者に確認をとること）．臭化エチジウムではなく，より安全な SYBR Green で DNA を染色する方法もあります．

❸ 過酸化水素
　30％ の過酸化水素水 500 mL からは 100 L 近い酸素が発生します．鉄，マンガンなどの重金属，酸化されやすい有機物が混入すると爆発的に反応が進み，発生した酸素で爆発や火災を起こすことがあります．試薬瓶から取り出した溶液は絶対に戻してはいけません．また，密栓して保存すると破裂することがあります．

　＊　生物工学会誌, **85** (11), 498～499 (2007).

10. 特に注意を要する試薬

❹ ジメチルスルホキシド（DMSO）

広く溶剤として用いられ，これ自体の毒性はさほど高くありません．しかし，皮膚吸収性がきわめて高く，手などにつくと見る見るうちに吸収されます．通常なら手についてもさほど危険がない薬品であっても，DMSO 溶液にすると急激に皮膚に浸透し，急性中毒を起こすことがあるので注意しましょう．

❺ フェノール

DNA や RNA の精製に用いますが，酸性度が高く，皮膚につくとやけどを負います．素手では扱ってはいけません．皮膚についた場合，直ちに水で洗い流し，せっけんでよく洗います．劇物であり，定められた場所に施錠保管し，使用前後に重量を測定して記録しなければなりません．

❻ クロロホルム

フェノールと同様に DNA や RNA の精製に用いますが，揮発性が高く，蒸気の吸入を避けるため，ドラフト内で扱わなくてはなりません．フェノールと同様に劇物であり，施錠保管と重量管理が必要です．

❼ 硫　酸

酸としての危険性のほかに，95 kJ/mol の非常に大きな水和熱を発生することに注意してください．この水和熱は，たとえば 25% 硫酸を調製するとき，沸騰寸前まで溶液の温度が上がってしまう熱量です．冷却した水に少量ずつ慎重に硫酸を注いで希釈なければなりません．硫酸に水を注ぐのは，煮えたぎった天ぷら油に水を注ぐのと同じで，非常に危険な行為です．

❽ レクチン

糖鎖を認識するタンパク質ですが，意外なことにその多くは高い毒性をもちます．粉末を吸入したり，溶液を皮膚に付着させないよう，防塵マスク，手袋を着用しなければなりません．

確認問題（以下の文章が正しければ○，間違っていれば×をつけよ）

10・1 一般には法律によって所持や使用が制限されている試薬でも，専門の教員が指導する場合は使用することができる． ☐

10・2 危なそうな試薬を使うときはMSDSを読むようにする． ☐

10・3 劇物や毒物は帰宅前に施錠できる保管庫に戻さなくてはならない． ☐

演習・確認問題の解答と解説

演習の略解

演習1 ほとんどすべての試薬（特に毒物，劇物，有機溶媒など），有害微生物，遺伝子組換え体，ガラス器具，ガス，ガスバーナー，湯沸かし器，コンセント，電気，インキュベーター（ふ卵器），ウォーターバス，乾燥器，遠心分離機，オートクレーブ，電源装置（電気泳動装置），ガスボンベなど．ほかに，床に置いた物品，避難経路をふさいでいる物品，床にこぼれた水（滑る！）なども広義の危険源．

演習2 逆：安全なのは電流が6 A（600 W）まで．
裏：電流が6 Aを超えると危険
対偶：危険なのは電流が6 Aを超えるとき

演習3 逆：安全なのはナス型フラスコを使って減圧濃縮するとき
裏：ナス型フラスコ以外の（減圧することを前提につくられていない）フラスコで減圧すれば危険
対偶：危険なのはナス型フラスコ以外の（減圧することを前提につくられていない）フラスコで減圧したとき

演習4 (1) 安全装置が作動せず（安全装置がついておらず），蒸発によって水位が低下してヒーターが露出し，誰も気づかず，そばの可燃物に引火すれば研究室が全焼する．
(2) 安全装置の動作確認をし，翌朝まで水位が保てる十分な量の水を入れ，終夜運転は極力避け，そばに可燃物を置かないようにする．

演習 5　略

演習 6　$N = 300\sqrt{\dfrac{G}{R}} = 300\sqrt{\dfrac{5000}{8}} = 300 \times \sqrt{\dfrac{50^2}{2^2}} = 300 \times 25 = 7500$（回転）

演習 7　$12\,000$（rpm）$= \dfrac{12000}{60} \times 2\pi$（s^{-1}）（角速度に変換．$360° = 2\pi$）

$r\omega^2 = \dfrac{6}{100} \times \left(\dfrac{12000}{60} \times 2\pi\right)^2 = 9600\pi^2$（m s^{-2}）$= \dfrac{9600}{9.8}\pi^2$（$\times g$）

$\fallingdotseq 9.7 \times 10^3$（$\times g$）

（$\pi^2/9.8 \fallingdotseq 1$ なので $9600 \times g$ と概算してもよい）

$\left(\begin{array}{l}\text{別解}\quad 12000 = 300\sqrt{G/6},\ 40 = \sqrt{G/6},\ 1600 = G/6,\\ \text{したがって，}G = 9600\ (\times g)\end{array}\right)$

演習 8　略

確認問題の解答と解説

第 1 章　安全に実験をするための考え方と基礎知識

1・1　【○】　人間の眼は，その人が興味をもつ対象に焦点を合わせる機能をもっています．逆にいえば，興味がなければ，視界にあっても見えていない（認識していない）ことがあります．実験台上に必要でないものがたくさんあると，見えていても手や袖口を引っ掛けて倒したりするのは，このためです．実験に不要なものは片づけ，整理整頓された環境で実験を行うことは，安全な実験のための基本中の基本です．

1・2　【○】　自分が実験で扱う試料の性質や，実験手順をしっかりと理解することから実験は始まります．これまでに報告された実験事故のうち，全く未知の現象で事故が起こったケースはほとんどありません．およそすべての事故が，事前の準備不足や調査不足，あるいは不注意から起こっています．

確認問題の解答と解説

つまり，ほとんどの事故が予見可能であったといえます．このような事故を防ぐためには，十分な下調べと実験内容の理解が不可欠です．

1・3 【×】 実験指導者は，それまでの経験から事故やトラブルが起こりやすいポイントを説明してくれますが，決してそれがすべてではありません．人が実験する以上，実験者の体調や精神状態まで考えれば，同じ操作であっても毎回実験条件は異なります．指導者の助言は最低限のアドバイスであり，実験者自身が自ら考え，安全を確保することが重要です．

第2章 ガラス器具

2・1 【×】 メスピペットにピペッターを挿入するときには，メスピペットの端から2 cm以内を親指，人さし指，中指の3本で握って挿入します．離れた位置を持つと，てこの原理でメスピペットには大きな曲げ応力がはたらき，折れて手に刺さる危険があります．5本の指で握ると，親指を支点にして人さし指と小指でメスピペットを折り曲げることになり，折れてしまう危険があります．これを避けるため，小指と薬指は使わず，3本指で挿入すると安全です．ゴム栓にガラス管を挿入するときも同じで，この場合は水でぬらして挿入しやすくします．もし，それでも3本指で挿入できないときは，ゴム栓の穴が小さすぎるので，少し大きめの穴を開け直します．

2・2 【×】 ひびが入っているガラス器具は使用してはいけません．もつときに割れると手指を切ります．また，溶液を入れるときは（特に，危険な溶液，こぼれると不都合な溶液を入れるときは），ひびや傷がないかどうか，事前にチェックしなければなりません．

2・3 【×】 欠けたガラスは鋭利な刃物です．すぐにバーナーの火で丸めるか，ヤスリをかけて角をおとさなければ，洗浄するときなどに手を切ってしまいます．

2・4 【×】 三角フラスコは減圧に耐えるようにつくられていません．ナス型フラスコなど，減圧操作をすることを前提につくられた肉厚の容器を使いましょう．

2・5 【×】 ジャムの瓶などは力一杯ふたを開けても割れないよう十分な肉厚がありますが，バイアル瓶のガラスは薄く，力を入れて開けようとすれば割れてしまいます．ふたが開かないときは，まず，水でぬらしたペーパータオルをふたの部分にだけ巻き，ペーパータオルにお湯をかけてふたを緩めてください．なお，DVDでは瓶の部分にもお湯がかかっていますが，瓶が割れる恐れがあるので，ふたの部分だけにお湯をかけるようにします．

2・6 【×】 ガラスの破片がぞうきんに入り込み，絞ったときに手を切る可能性があります．ペーパータオルでふき取りましょう．

2・7 【×】 クレンザーには磨き粉が入っており，ガラスの表面に微細な傷をつけてしまいます．傷の中に入り込んだ汚れは落ちにくく，実験に支障をきたす場合もあり，ガラスの強度も低下させるので，ガラス器具の洗浄にクレンザーを使用してはいけません．

第3章 クリーンベンチ

3・1 【○】 微生物が増殖するには，水分，養分，適当な温度の三つの要素が必要で，人の手や口にはこの三大要素がすべてそろっています．つまり，実験室の中で微生物的に一番汚いのは人であり，最大の汚染源なのです．汚い手には，$1\,cm^2$ あたり 10^7 以上の雑菌がいる場合もあり，つめのあかは雑菌

のかたまりです．クリーンベンチで作業をする前にせっけんで手をよく洗うことは，コンタミを防ぐ最も簡単でかつ最も効果的な方法なのです．手を洗う際には，指の裏側（つめの部分），親指，つめの間を特に念入りに洗いましょう．唾液にも雑菌がたくさんいますから，作業中のおしゃべりは禁物です．

3・2 【×】 この70％はv/vではなく，w/wです．エタノール70gに水30mL（30g）を加えるのが正しいつくり方です．ただし，最も殺菌力が高い濃度は微生物によって異なり，60～90（w/w）％の範囲であれば不特定の微生物の殺菌効果にはさほど差はないとされています（濃度の正確さにこだわるよりも，手をよく洗うようにする方が大切です）．

3・3 【×】 カビやバクテリアの胞子はエタノールでは滅菌できないので，エタノールを過信してはいけません．

3・4 【×】 エタノール容器に火が入ったとき，ガラスやプラスチックの容器は割れたり溶けたりして危険です．エタノールは安定のよい金属製のふた付き容器に入れ，作業中はふたを必ず手元に置き，もし，火がはいってもすぐにふたをして消せるようにしておきます．エタノールで滅菌するのではなく，滅菌済みの使い捨てコンラージ棒を使う（あるいは，あらかじめオートクレーブ滅菌したコンラージ棒を必要本数準備する）のが最も安全です．

3・5 【○】 ふた付きの金属容器に入れていても，火が入ったときにあわてて倒してしまう可能性もあります．万一のときでも被害が少なくなるよう，クリーンベンチに持ち込むエタノールは必要最小限にしておきましょう．

3・6 【×】 殺菌に用いる紫外線は人体に有害です．クリーンベンチで作業するときは紫外線ランプをつけてはいけません．あな

た自身が危険なだけでなく，あなたが扱おうとしている微生物も死んでしまいます．

3・7 【×】 人の手は，たとえよく手を洗ってエタノールで滅菌しても，クリーンベンチの中では最も汚いものです．無菌に保ちたいものの上に手をかざせば，手から微生物が落下し，コンタミする可能性が高まります．ピペットやピペットマンは垂直にもたないと溶液を正確に計量することができませんが，クリーンベンチでの作業では，ほとんどの場合，正確さよりもコンタミのリスクを下げることを優先します．したがって，溶液の容器を斜めに持ち，ピペットやピペットマンを斜めに差し込んで溶液を吸い，その状態で計量するのがこの場合の正しい操作法です．

第4章 オートクレーブ

4・1 【×】 オートクレーブの温度センサーがとりつけられている釜の外周部は，釜の中ほど（滅菌した溶液）よりも先に冷えます．大容量の溶液や，粘度が高く対流が起こりにくい溶液の場合，表示温度と実際の液温の差が30℃以上ある場合もまれではありません．表示温度が60℃以下になってから開けるようにしましょう．DVDではオートクレーブを開けてすぐにフラスコを取り出していますが，開けてから数分待ってから取り出す方がより安全です．

4・2 【×】 蒸気滅菌する場合と，乾燥状態で滅菌する場合とでは，滅菌に要する温度と時間が異なります．蒸気滅菌では121℃，15〜20分で通常は十分な滅菌効果が得られますが，乾熱滅菌では，160〜170℃であれば2時間以上，170〜180℃では1時間以上滅菌する必要があります（日本薬局方）．瓶のふたを閉めてしまうと，瓶の中は乾燥状態となり，十分に

滅菌することができません．ふたを緩め，蒸気が入るすき間をあけておかなくてはなりません．

4・3 【×】 必要以上に固く閉めるとパッキンがどんどん劣化してしまいます．たとえば，指1本でハンドルふたを回し，回せなくなってから1/4回転締める，などのルールを決めておくとよいでしょう．（どれぐらい締めればよいかは機種や使用状態によって異なります．この"1/4"はあくまで一例です．）

4・4 【×】 万一，温度計（もしくは圧力計）が壊れていて，実は高温（高圧）の状態であったなら，ふたを開けたあなたは高温の蒸気を浴びて大やけどを負ってしまいます．温度が60℃以下であり，<u>かつ</u>，圧力計がゼロになっていることを確認しましょう．

4・5 【×】 揮発性の薬品の溶液はオートクレーブで滅菌してはいけません．薬品の蒸気圧で瓶が割れたり，薬品が漏れてオートクレーブの釜を傷める，猛烈な臭いがするなど，さまざまな不都合が生じ，薬品の濃度も狂ってしまいます．揮発性の薬品の溶液は，その薬品に耐える材質の除菌フィルターを使って沪過滅菌しなければなりません．

4・6 【×】 空だきになれば，オートクレーブは壊れ，気がつかなければ出火する可能性もあります．毎回，水量が十分かどうかを確認しなければなりません．

第5章 電子レンジ

5・1 【×】 どのような理由があろうと，<u>絶対に密栓して加熱してはいけません</u>．爆発して重大事故をひき起こします．アガロースゲルや寒天培地の場合，蒸発によって多少濃度が変化しても，ほとんどの場合実験結果に影響はありません．もし，

どうしても蒸発による濃度の変化が心配なのであれば，オートクレーブにかけて溶解するか，加熱前の液面の位置に印をつけ，溶解後に液量が減っていれば，暖めた蒸留水を加えて元の液量に戻すようにします．

5・2　【×】　電子レンジは，2450 MHz の電磁波で水分子を振動させて加熱しますが，金属を電子レンジに入れれば，電磁誘導で高電圧が発生し，放電します．容器にラップをかけると，ラップのすき間から高温の蒸気が下向きに噴き出してやけどしたり，ラップで密閉された状態で外に取り出すと，容器の中の圧力が下がって突沸する危険があります．フラスコで溶解する場合は，ラップもホイルもかけずに加熱するようにしましょう．

5・3　【×】　もし突沸すれば，高温の溶液が軍手に染みこみ，ひどいやけどを負ってしまいます．軍手の上にプラスチックあるいはラテックスの手袋を二重にはめるようにします．

5・4　【×】　加熱直後に振り混ぜると突沸する可能性があります．加熱をやめてから最低でも30秒以上待ち，突沸しても安全な態勢で（もし，内容物が吹き出しても，その先に人や機器がない方向に容器の口を向けて）混ぜて下さい．

第6章　ウォーターバス・インキュベーター

6・1　【×】　毎回，使用前に作動確認をしなければなりません．

6・2　【×】　ウォーターバスは原則として無人で運転してはいけません．やかんを火にかけたまま外出するのと同じです．やむを得ず無人運転（終夜運転）する場合，先生の許可と指導を受けた上で，空だき防止装置が確実に作動することを確認し，運転終了まで水位が安全なレベルを保てるかを確認しなければなりません．

6・3【×】 一般に，インキュベーターのヒーターは底部に，温度センサーは上部に設置されており，庫内の温度は，自然対流かファンによる強制かくはんによって均一に保たれるように設計されています．庫内に物品を入れすぎたり，大きなトレイを入れたりすると，庫内の温度が均一にできない状態になります．センサー部分の温度が設定温度まで上がらなければ，ヒーターは加熱を続け，底部は高温になり，この熱で溶けたプラスチックが，底板の下のヒーター部分に流れ込めば，発火してしまいます（ヒーター表面の温度は設定温度よりもはるかに高いことに注意）．

6・4【×】 終夜運転は可能な限り避けるのが原則です．特に，新聞紙でくるんだガラスシャーレ，綿栓をした試験管などを乾熱滅菌するときは，所定の温度と時間を守らなければ，出火する危険があります．新聞紙や綿は可燃物であることを忘れてはいけません．

第7章 電源の取り方

7・1【×】 家庭のコンセントと同じで，通常のコンセントの容量は15Aです．合計15A以上の機器を接続してはいけません．

7・2【×】 あるプラグに接続されている機器の消費電力の合計が，そのプラグの定格容量を上回っている場合をたこ足配線といいます．したがってたった一つの装置が接続されている場合でも，定格容量をオーバーしていれば，"たこ足配線"になります．実験装置には消費電力が大きいものも多く，注意が必要です．

7・3【〇】 コンセントにプラグがきちんと差し込まれていないと，コンセントとプラグの金具どうしの接触面積が小さくなり，そこに電流が流れると発熱します．この発熱によって絶縁

部分がしだいに炭化し，導電性をもつようになり，そこに電流が流れ，さらに発熱して発火します．プラグがきちんと差し込まれていない状態は実はとても危険なのです．プラグが緩んでいないかを定期的に点検してください．大容量の電流が流れる機器や，冷蔵庫，フリーザー，インキュベーターなど終夜運転をする機器は，特に注意が必要です．コンセントにほこりがたまると，ほこりに微弱な電流が流れて発熱し，上記の場合と同様に絶縁部分がしだいに炭化して出火する場合があります（トラッキング現象）．コンセントは定期的に点検し，ほこりを取り除いておく必要があります．実験台などの物品の陰にあるコンセントは特に注意しましょう．

第8章 遠心分離機

8・1 【×】 たとえ重量のバランスを取っても重心の位置が異なればモーメントのバランスは取れません．形状が異なる遠心管（ふたを含めて）をペアにしてバランスを取ってはいけません．

8・2 【×】 試料溶液の比重が水の比重と異なれば重心の位置は異なり，バランスをとったことにはなりません．

8・3 【×】 ローターと空気の摩擦熱，モーターの発熱によってチャンバー内の温度は上昇します．室温で遠心分離する場合であっても，冷却機のスイッチを入れ（スイッチがない機種もある），温度を室温に設定しなければなりません．

8・4 【×】 絶対に手で止めてはいけません．ローターの回転はあなたの手を折るには十分な運動エネルギーをもっています．また，手で止めれば回転軸に無理な力がかかり，遠心機の寿命を縮めてしまいます．

確認問題の解答と解説　　　73

8・5　【×】　重心の位置が同じである保証（モーメントバランスが取れる保証）はありません．

8・6　【○】　ポリプロピレン，ポリスチレン，ポリカーボネートなどでできた遠心管はクロロホルム，フェノールで劣化します，繰り返し使用はできるだけ避けなければなりません．これに対して，テフロン性の遠心管は継続して使用できます．ただし，テフロン性の遠心管は物理的な強度が十分ではないので，メーカーの取扱説明書を熟読して必ず指示に従って下さい．遠心管ほぼ一杯に試料溶液を入れていないと変形するものがあります．

8・7　【○】　ポリスチレン製の遠心管は室温のトリス緩衝液なら問題はほとんどありませんが，温度が高くなると劣化します．ポリスチレン製の遠心管の使用は避けるべきです．

第9章　え！それって危ないの？

9・1　【×】　ピペッターにはオートクレーブ滅菌できないものが多数あります．（たとえばピペットマン™）．オートクレーブできるものであってもメーカーの使用説明書をよく読み，注意して扱うようにしましょう（たとえばベンチメイト™ではネジを緩めるなどの準備が必要です）．

9・2　【○】　ピストンを力任せに押すと，フィルターが外れて内容物が飛び散ることがあります．不溶物が多い試料ほど，注射器の容量が小さいほど（パスカルの法則で，断面積が小さいほど，同じ力で生じる圧力は高まる）この危険性は高くなります．また，太い注射器を使うと大きな力が必要になるので，細い注射器で何度かに分けて沪過した方がかえって早い場合もあります．

9・3 【〇】 見た目に濁っている試料は，あらかじめ遠心分離して粒子を除くか，ポアサイズ（孔径）が大きいフィルター（あるいは沪紙や重ねたガーゼ）で前沪過すれば楽に精密沪過をすることができます．

9・4 【×】 界面活性剤は吸入すると気管や肺の細胞を破壊し，危険です．酵母エキスなどの粉末エキス類には界面活性効果のあるペプチドが含まれており，これらの粉末を吸い込むことも体によくありません．家庭で使う洗濯洗剤が顆粒状になっているのは，微細な粉末を吸い込むと危険だからです．

9・5 【×】 アクリルアミドには神経毒があります．溶液であってもこぼして乾けば粉末と同じであり，それを吸い込むと危険です．アクリルアミド溶液をこぼしたら，すぐにふきとり，湿ったペーパータオルでよくふきとらなくてはなりません．

9・6 【〇】 §9・5で述べたように，培地が腐ると二酸化炭素が発生し，条件によっては内圧が10気圧以上になることもあります．

9・7 【〇】 液体窒素を長時間空気にさらしておくと，空気中の酸素が液化し，最終的には液体酸素に置き換わってしまいます．これは液体窒素の沸点（－196℃）よりも液体酸素の沸点（－183℃）の方が高いためです．液体酸素はきわめて支燃性が高く，有機物と接触すると爆発的に燃焼することがあります．液体酸素は青いので，もし，液体窒素が青味をおびていたら要注意です．

9・8 【×】 軍手をしていて，もし液体窒素がかかると，軍手にしみ込みひどい凍傷を負うことになります．液体窒素を扱うときは専用の皮手袋をはめて扱います．

9・9 【〇】 低酸素濃度の空気を呼吸した場合，肺の中の酸素が置換されてしまうため，即座に脳の酸素濃度が低下します．その結果，失神昏倒に陥ります．

第10章　特に注意を要する試薬

10・1　【×】　法律は先生の指導の有無にかかわらず，適用されます．

10・2　【×】　危なそうなときだけ調べるのは危険検出思想です（§1・2参照）．取り扱う試薬のMSDSはすべて読み，十分な予備知識をもたなければなりません．

10・3　【×】　劇物や毒物は計量したらすぐに保管庫に戻して施錠しなくてはなりません．メタノールで液体クロマトグラフィーを行う場合など，劇物を長時間使用する場合（特に，部屋を無人にする場合），部屋を施錠して入室を制限するなどの対応が必要です．

索引

あ 行

亜鉛化合物　57
アクリルアミド　56, 58, 74
アジ化ナトリウム　57
アセトニトリル　58
アセトン　58
rpm　43
安全検出思想　5
安全装置　12, 63
安全対策　6
アンモニア　31

イソアミルアルコール　58
イソプロピルアルコール　58
EDTA　58
遺伝子組換え体　27
イベントツリー　13
インキュベーター　38, 71

ウォーターバス　36, 70
裏　12

液体酸素　74
　　——での凍結試料作成　53
SDS　53
SYBR Green　59
エタノール　27, 31, 58
エチブロ　59
エチルメタンスルホン酸　59
エチレンジアミン四酢酸　58
MSDS　57, 75
塩化セシウム-エチジウムブロミド平衡密度超遠心分離　49
塩　酸　31, 57
遠心管　42
遠心分離機　15, 42, 72
　　——バランスのとり方　46
　　スイング型——　48
遠心分離の条件　43
遠心力　43
　　——と回転速度の簡易換算　45

オイルバス　37
オートクレーブ　21, 22, 29, 68
オートクレーブ滅菌　73
O-リング　48

か 行

外　挿　16, 17
　　——による危険予知　17
回転軸　44
回転速度　43
界面活性剤　74
化学物質排出把握管理促進法　58
過酸化水素　59
ガラス管　24, 65
ガラス器具　65
　　——の取り扱い　23
　　割れた——　26
空だき防止装置　29, 36
感染性医療廃棄物　59
乾燥器　38
乾熱滅菌　68
乾熱滅菌器　38

危険源　10
危険検出思想　5, 75
危険状態　10
危険予知　9
　　イベントツリーによる——　13
　　外挿による——　17
　　フォルトツリーによる——　15
揮発性　69
逆　12

空間的隔離　11
クリーンベンチ　27, 66, 67
グルコース　55
クレンザー　66
クロロホルム　57, 58, 60, 73
軍　手　74

索引

経口吸収 8
劇物 75
研究における事故 16
研究用機器の安全対策
　　　　　　　　6〜7

酵母エキス 74
呼吸器障害 54
ゴム栓 65
コンセント 40, 71
　　——接続不良 41
コンタミ 27
コンラージ棒 27, 67

さ 行

酢酸エチル 58
三角フラスコ 66

シアン化カリウム 58
シアン化ナトリウム 58
紫外線 67
時間的隔離 11
失敗知識データベース 16
ジメチルスルホキシド 60
N,N-ジメチル
　　　ホルムアミド 58
臭化エチジウム 59
終夜運転 71
蒸気滅菌 68
使用上の注意 7
消防法 58
除菌フィルター 69
シリコンオイル 37
シリンジフィルター 54

水位の低下 37
水酸化カリウム 57
水酸化ナトリウム 57
水和熱 60

スイング型遠心分離機 48
精密沪過 54
洗眼器 14
センサー 30, 36

ソフト的な安全対策 6

た 行

対偶 12
たこ足配線 41, 71

DMSO 60
低酸素濃度の空気 74
テフロン製の遠心管 73
電源 40
電磁誘導 70
電子レンジ 33, 69, 70
電流 63

特定化学物質
　　障害予防規則 58
毒物 75
毒物及び劇物取締法 57
特化則 58
トラッキング現象 72
トリフルオロ酢酸 55
トルエン 58

な, は 行

ナス型フラスコ 63

人間の特性 9

バイアル瓶 25, 66
培地 74

腐った— 54
爆発 59
パスカルの法則 73
発がん剤 59
ハード的な安全対策 6
パラホルムアルデヒド 34

PRTR制度 58
ビーカー 25
ピストン 51, 52, 73
ヒーター 36
ひび 65
ピペッター 23, 65, 73
ピペット 23, 68
ピペットマン 51, 68, 73
　　——の使い方 52
ヒヤリハット 13
病原性微生物 27

フィルター沪過 54
フェノール 34, 60, 73
フォルトツリー 15
プラグ 40, 71
ふ卵器 38
フロート 36
フロート式安全装置 8
粉末エキス類 74

変異誘起剤 59
ベンチメイト 73

防塵マスク 54
保護メガネ 12, 15, 54
ポリスチレン
　　——製の遠心管 73
ホルムアルデヒド 57, 58

ま 行

マンガン 58

索引

メガネ 15
メスピペット 65
メタノール 57, 58, 75
N-メチル-N'-ニトロ-N-
　ニトロソグアニジン 59

モーター 72
モーメントバランス 46

や, ら行

有機則 58
有機溶剤中毒予防規則 58
硫　酸 57, 60
硫酸銅 57
レクチン 60
連想術 18
沪過滅菌 69
ローター 42, 72
ロックピン 31

片　倉　啓　雄
　　　1958年　大阪に生まれる
　　　1984年　大阪大学大学院工学研究科修士課程 修了
　　　現　大阪大学大学院工学研究科 准教授
　　　専攻 生物化学工学
　　　農 学 博 士

山　本　仁
　　　1962年　大阪に生まれる
　　　1990年　大阪大学大学院理学研究科博士課程 修了
　　　現　大阪大学安全衛生管理部 副部長・教授
　　　専攻 高分子科学
　　　理 学 博 士

第1版 第1刷 2009年10月26日 発行

バイオ系実験安全オリエンテーション
（DVD 付）

Ⓒ 2009

著　者　　片　倉　啓　雄
　　　　　山　本　　仁
発 行 者　　小　澤　美　奈　子
発　　行　株式会社 東京化学同人
　　　　　東京都文京区千石 3-36-7(〒112-0011)
　　　　　電話 03(3946)5311・FAX 03(3946)5316
　　　　　URL: http://www.tkd-pbl.com/

印　刷　大日本印刷株式会社
製　本　株式会社 松岳社

ISBN 978-4-8079-0714-4
Printed in Japan

学生のための化学実験安全ガイド

徂徠道夫・山本景祚・山成数明・齋藤一弥
山本　仁・高橋成人・鈴木孝義 著
A5判　160ページ　定価1470円

長年の実務経験から編み出された安全ガイド．チェックシートで危険予知，安全対策ができる．

主要目次：はじめに／実験を始める前に／危険な化学物質／実験装置と実験操作／廃棄物処理／緊急対処法／実験室の安全管理／防災設備と安全対策／薬品管理／付録（おもな化合物の性質と法規制／発がん物質／消防法に基づく危険物／放射線量と障害）

大学人のための安全衛生管理ガイド

鈴木　直・太刀掛俊之・松本紀文
守山敏樹・山本　仁 著
A5判　164ページ　定価1890円

大学の安全衛生を考える場合に特に重要となる事項と法律の関係を，簡潔にまとめたガイド．

主要目次：はじめに／一般的な安全衛生管理と緊急時の対応／健康管理／実験室の管理／労働基準監督署への各種届出・報告／安全衛生管理と情報の開示／付表（特定化学物質の構造と性質）

価格は税込（2009年10月現在）

基礎化学実験 安全オリエンテーション
DVD 付

山口和也・山本 仁 著
A5判 96ページ 定価1995円

初心者が化学実験を安全に行う上で必要となる基礎知識や注意点をわかりやすく解説．添付のDVDには操作・事故の映像が収録されており，安全への理解が深まる．

主要目次：実験を始める前に／安全な服装／実験室での行動／実験器具の安全な取り扱い／ガラス器具の取り扱い／ガラス管の取り扱い／温度計の取り扱い／ピペットの取り扱い／遠心分離機の取り扱い／薬品の安全な取り扱い／実験が終わったら／緊急用器具／確認問題の解答と解説／付録（基礎化学実験でよく用いられる薬品の性質と危険性）

価格は税込(2009年10月現在)